教育部职业教育与成人教育司推荐教材配套教材

职业教育电力技术类专业培训用书

U0643102

电厂汽轮机学习指导及习题集

孙为民　杨巧云　孙文杰　合编

中国电力出版社

CHINA ELECTRIC POWER PRESS

内 容 提 要

本书是与《教育部职业教育与成人教育司推荐教材 电厂汽轮机》相配套的辅助教学用书，每章内容分为学习目标要求、基本知识点、难点与学习建议、典型例题分析、习题与参考答案等，章节顺序与教材保持一致。在编写本书时，力争反映电厂汽轮机运行与检修中的实际问题，体现工学结合的原则，突出能力的形成过程，并结合当前电力行业职业技能鉴定的需要来组织内容。

本书可作为高职高专电力技术类电厂热能动力装置专业和火电厂集控运行专业的"电厂汽轮机"课程的辅助教材，也可供有关专业师生和工程技术人员参考。

图书在版编目（CIP）数据

电厂汽轮机学习指导及习题集/孙为民，杨巧云，孙文杰编. —北京：中国电力出版社，2009.8（2021.8重印）
教育部职业教育与成人教育司推荐教材配套教材
ISBN 978－7－5083－8919－6

Ⅰ. 电…　Ⅱ. ①孙…②杨…③孙…　Ⅲ. 火电厂-蒸汽透平-职业教育-教学参考资料　Ⅳ. TM621.4

中国版本图书馆 CIP 数据核字（2009）第 088532 号

中国电力出版社出版、发行

（北京市东城区北京站西街 19 号 100005 http：//www. cepp. sgcc. com. cn）
北京天宇星印刷厂印刷
各地新华书店经售

*

2009 年 8 月第一版　2021 年 8 月北京第九次印刷
787 毫米×1092 毫米　16 开本　8.75 印张　209 千字
定价 **28.00** 元

前 言

　　本书是根据高职高专电力技术类电厂热能动力装置和火电厂集控运行专业使用的《教育部职业教育与成人教育司推荐教材　电厂汽轮机》编写的辅助教学用书。

　　本书的例题结合了电厂汽轮机运行及检修中的实际问题，体现了工学结合的原则，突出了职业能力的形成过程，具有创见性、针对性和科学性，符合职业教育的特点和规律，也适合当前电力行业职业技能鉴定的需要。

　　为方便自学，本书每章内容分为学习目标要求、基本知识点、难点与学习建议、典型例题分析、习题与参考答案等。第 1 章和第 2 章由西安电力高等专科学校孙文杰编写；第 3 章和第 4 章由武汉电力职业技术学院杨巧云编写；第 5 章～第 7 章由郑州电力高等专科学校孙为民编写。本书由孙为民负责全书的统稿工作。

　　在编写过程中，参考了有关兄弟院校和企业的诸多文献、资料，并得到有关院校老师和同事们的热情帮助，特别是洛阳华润电力有限公司关红只、焦作华润电力有限公司李子文的鼎力相助，在此表示衷心的谢意。

　　由于编者水平有限，书中不妥之处在所难免，恳请读者批评指正。

编　者

2009 年 6 月

目　录

第 1 章

汽轮机级的工作原理

1.1 学习目标与要求

（1）掌握级、级的反动度、调节级、喷嘴压力比、临界压力与临界压力比、喷嘴的流量系数、彭台门系数、极限压力与极限压力比、轮周功率、轮周效率、速比、最佳速比、级内损失、级的相对内效率、部分进汽度、级的内功率等概念。

（2）熟悉级的结构、级的能量转换过程，理解级的基本工作原理及其特点，熟悉反动度的意义和级的分类与特点。

（3）能够进行喷嘴出口汽流速度的计算，熟知过热蒸汽和干饱和蒸汽的临界压力比数值，理解喷嘴高度不能小于 12mm 的原因，了解喷嘴截面的变化规律，了解理想流量、理想临界流量、实际流量、实际临界流量的意义，熟悉临界流量的影响因素及其变化情况。

（4）理解和熟悉蒸汽在渐缩斜切喷嘴斜切部分的膨胀特点，了解偏转角的计算，懂得极限膨胀情况。

（5）熟悉动叶进出口速度三角形的计算、画法和各个参数的含义，明晰余速损失的含义及其利用。

（6）熟悉蒸汽作用在动叶上力的推导过程、轮周功率的内涵及影响轮周效率的因素，掌握不同级的最佳速度比表达式，了解最佳速度比的物理含义。

（7）熟悉双列速度级的组成、热力过程线，了解其计算公式，会画双列速度级的速度三角形，知晓各个参数的含义和最佳速度比表达式，能够进行不同级之间做功能力的比较。

（8）掌握级内损失的组成，理解各个损失产生的原因和减小措施，会画级的实际热力过程线。

（9）了解级的设计过程及其参数选择，了解长叶片级采用扭曲叶片的原因及设计方法。

1.2 基 本 知 识 点

一、级的基本工作原理与分类

1. 级的定义、组成及其能量转换过程

（1）级的定义：将蒸汽的热能转变成为旋转机械能的最基本工作单元。

（2）级的结构组成：由一列喷嘴和其后的动叶栅组成。

（3）级的能量转换过程：在喷嘴中进行降压膨胀增速，形成高速汽流，将蒸汽的热能转变成为动能；在动叶中将蒸汽的动能转变成为旋转的机械能，完成蒸汽的能量转换过程。

2. 级的基本工作原理及其特点、级的反动度

（1）冲动作用原理：利用冲动力将蒸汽的热能转变成为旋转机械能的过程。特点：蒸汽

只在喷嘴中膨胀，在动叶中不膨胀，因此动叶上只受到冲动力的作用。

（2）反动作用原理：利用反动力和冲动力的合力将蒸汽的热能转变成为旋转机械能的过程。特点：蒸汽不仅在喷嘴中膨胀，在动叶中也膨胀，因此动叶上同时受到冲动力和反动力的作用。

（3）级的反动度：蒸汽在动叶中理想焓降 Δh_b 与级的滞止理想焓降 Δh_t^* 的比值。反动度反映了蒸汽在动叶中的膨胀程度，其表达式为

$$\Omega_m = \frac{\Delta h_b}{\Delta h_t^*} \approx \frac{\Delta h_b}{\Delta h_n^* + \Delta h_b}$$

3. 级的分类及特点

（1）按反动度进行分类，可分为纯冲动级、反动级和带反动度的冲动级。

纯冲动级：反动度 $\Omega_m = 0$ 的级。特点：蒸汽只在喷嘴中膨胀，在动叶中不膨胀而只改变汽流流动方向，动叶上只受到冲动力的作用；动叶叶型几乎为对称弯曲，且有 $\beta_{1g} = \beta_{2g}$。

反动级：反动度 $\Omega_m = 0.5$ 的级。特点：蒸汽在喷嘴和动叶中的膨胀程度相等，动叶上同时受到冲动力和反动力的作用；动叶叶型和喷嘴叶型相同，有 $\alpha_{1g} = \beta_{2g}$。

带反动度的冲动级：反动度 $\Omega_m = 0.05 \sim 0.2$ 的级。特点：蒸汽主要在喷嘴中膨胀，只有一小部分在动叶中膨胀，动叶上既有冲动力又有反动力。

（2）按蒸汽在级内的能量转换次数可分为压力级和速度级。

压力级：蒸汽在级内进行一次能量转换的级。压力级可以是冲动级（冲动式汽轮机内的压力级全是冲动级），也可以是反动级（反动式汽轮机内的压力级全是反动级）。

速度级：蒸汽在级内进行二次及以上能量转换的级。进行二次能量转换的级称为双列速度级，进行三次能量转换的级称为三列速度级。速度级只有一列喷嘴和若干列导向叶栅，各列动叶安装在同一个叶轮上。

（3）按通流面积是否随负荷变化可分为调节级和非调节级。

调节级：喷嘴调节汽轮机的第一级称为调节级。在整个启动和停机过程中，喷嘴调节汽轮机第一级的通流面积是变化的，而其他各级通流面积不变化。调节级总是采用部分进汽。

非调节级：通流面积不随负荷变化的级。非调节级可以是全周进汽，也可以是部分进汽，但大多数都是全周进汽。

二、蒸汽在喷嘴中的能量转换

1. 喷嘴出口蒸汽速度的计算公式

理想速度

$$c_{1t} = \sqrt{2(h_0 - h_{1t}) + c_0^2} = \sqrt{2\Delta h_n + c_0^2} = \sqrt{2(1 - \Omega_m)\Delta h_t^*}$$

实际速度

$$c_1 = \varphi c_{1t}$$

喷嘴损失

$$\Delta h_{n\xi} = \frac{c_{1t}^2}{2}(1 - \varphi^2) = (1 - \varphi^2)\Delta h_n^*$$

由于 φ 的数值随喷嘴高度的减小而减小，当喷嘴高度小于 $12 \sim 15mm$ 时，φ 值急剧下降，因此为了减小喷嘴损失，喷嘴高度不应小于 $12 \sim 15mm$，且喷嘴的宽度要小。

2. 临界压力

蒸汽在喷嘴内膨胀到与当地声速相等时的背压称为临界压力。此时蒸汽所处的状态称为临界状态。临界状态时的参数称为临界参数。

临界压力比：蒸汽在喷嘴内膨胀时的临界压力与滞止压力的比值，用 $\varepsilon_{cr} = \dfrac{p_{cr}}{p_0^*}$ 表示。过热蒸汽的临界压力比 $\varepsilon_{cr} = 0.546$；干饱和蒸汽的临界压力比 $\varepsilon_{cr} = 0.577$。

喷嘴压力比：喷嘴出口背压 p_1 与入口滞止压力 p_0^* 的比值，用 $\varepsilon_n = \dfrac{p_1}{p_0^*}$ 表示。

3. 喷嘴截面的变化规律

当蒸汽在喷嘴内为亚声速流动时采用渐缩喷嘴；当蒸汽在喷嘴内为超声速流动时采用渐扩喷嘴；当蒸汽在喷嘴内由亚声速流动加速到超声速流动时采用缩放喷嘴。

4. 喷嘴流量

蒸汽在喷嘴内流动时的流量有：理想流量、实际流量、理想临界流量、实际临界流量。

对于一定的喷嘴和蒸汽，临界流量只与蒸汽的初参数有关，并随初压的升高而增加。

喷嘴的流量系数：通过喷嘴的实际流量与理想流量的比值。过热区其值小于 1，湿蒸汽区其值大于 1。

彭台门系数：通过喷嘴的任一流量与同一初始状态下的临界流量比值。

5. 蒸汽在渐缩斜切喷嘴中斜切部分的膨胀

（1）当 $\varepsilon_n > \varepsilon_{cr}$ 时，蒸汽只在渐缩部分膨胀，斜切部分不膨胀，在喉部未达到临界状态，所以仅获得亚声速汽流，斜切部分只起导流作用，汽流不偏转。

（2）当 $\varepsilon_n = \varepsilon_{cr}$ 时，蒸汽在渐缩部分膨胀，膨胀到喉部达到临界状态，获得等声速汽流，进入斜切部分后不膨胀，斜切部分只起导流作用，汽流不偏转。

（3）当 $\varepsilon_n < \varepsilon_{cr}$ 时，蒸汽不仅在渐缩部分膨胀，而且膨胀到喉部达到临界状态，进入斜切部分后继续膨胀，从而获得超声速汽流，并且汽流要发生偏转。

极限压力：蒸汽在渐缩斜切喷嘴斜切部分达到完全膨胀时出口截面上的最低压力。

极限压力比：极限压力与喷嘴入口滞止压力的比值。

蒸汽在渐缩斜切喷嘴斜切部分膨胀到极限压力时，获得的汽流速度最高，偏转角最大。

三、蒸汽在动叶中的能量转换

1. 动叶入口速度三角形的计算

已知：c_1、α_1 和 u，求 w_1、β_1。参考图 1-1。

计算方法：余弦定理、正弦定理。

2. 动叶出口速度三角形的计算

已知：w_2、β_2 和 u，求 c_2、α_2。

计算方法：余弦定理、正弦定理。

3. 动叶进出口速度三角形的特点

$$c_1 \cos\alpha_1 + c_2 \cos\alpha_2 = w_1 \cos\beta_1 + w_2 \cos\beta_2$$

4. 动叶进出口速度三角形的画法

会画动叶的进出口速度三角形，并明确每一个参数的含义。参考图 1-2。

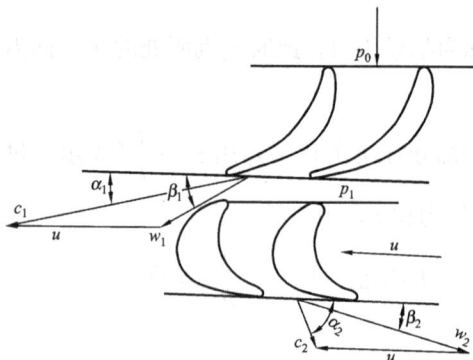

图 1-1　动叶速度三角形计算图　　　　　图 1-2　动叶进出口速度三角形

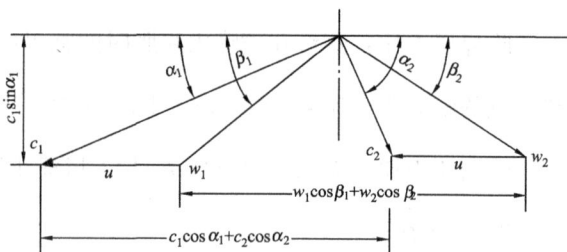

四、级的轮周功率与轮周效率

1. 蒸汽作用在动叶片上的力

圆周力　　　　　　　　　$F_u = G(c_1 \cos\alpha_1 + c_2 \cos\alpha_2)$

轴向力　　　　　　　　　$F_z = G(c_1 \sin\alpha_1 - c_2 \sin\alpha_2) + A_z(p_1 - p_2)$

蒸汽作用在动叶片上的力　　　　$F = \sqrt{F_u^2 + F_z^2}$

2. 轮周功率与轮周效率

(1) 轮周功率：单位时间内圆周力在动叶上所做的功。

$$P_u = F_u u = Gu(c_1 \cos\alpha_1 + c_2 \cos\alpha_2) = \frac{G}{2}\left[(c_1^2 - c_2^2) + (w_2^2 - w_1^2)\right]$$

式中：$\dfrac{G}{2}c_1^2$ 为蒸汽带入动叶的能量；$-\dfrac{G}{2}c_2^2$ 为蒸汽带出动叶的能量；$\dfrac{G}{2}(w_2^2 - w_1^2)$ 为蒸汽在动叶中因理想焓降 Δh_b 而造成的实际动能的变化。

(2) 轮周效率：蒸汽在级内所做的轮周功与蒸汽在该级中所具有的理想能量之比。

$$\eta_u = \frac{P_{u1}}{E_0} = 1 - \zeta_n - \zeta_b - (1 - \mu_1)\zeta_{c2}$$

理想能量　　　　　　　　$E_0 = \Delta h_t^* - \mu_1 \dfrac{c_2^2}{2}$

影响轮周效率的因素：喷嘴、动叶、余速损失和余速利用系数。

影响轮周效率的主要因素：余速损失系数（也可以说是余速损失）和余速利用系数。

3. 速比与最佳速比

速比：圆周速度 u 与喷嘴出口实际速度 c_1 的比值。表达式为 $x_1 = \dfrac{u}{c_1}$。

最佳速比：轮周效率最高时的速比。

最佳速比的含义：当 $\alpha_2 = 90°$ 时，余速损失最小，轮周效率最高。

纯冲动级的最佳速比：$(x_1)_{op}^{im} = \dfrac{1}{2}\cos\alpha_1$。

反动级的最佳速比：$(x_1)_{op}^{re} = \cos\alpha_1$。

双列速度级的最佳速比：$(x_1)_{op}^{ve} = \dfrac{1}{4}\cos\alpha_1$。

4．做功能力与轮周效率比较

（1）做功能力比较

$$\Delta h_t^{re} : \Delta h_t^{im} : \Delta h_t^{ve} = 1 : 2 : 8$$

$$\Delta h_t^{re} : \Delta h_t^{im} = 1 : 2 \qquad \Delta h_t^{ve} : \Delta h_t^{im} = 4 : 1$$

（2）轮周效率比较

在各自的最佳速比下，$\eta_u^{ve} < \eta_u^{im} < \eta_u^{re}$。

5．双列速度级

（1）组成：由一列喷嘴和安装在同一个叶轮上的两列动叶栅所组成。

（2）热力过程线，参考图 1-3。

（3）速度三角形，参考图 1-4。

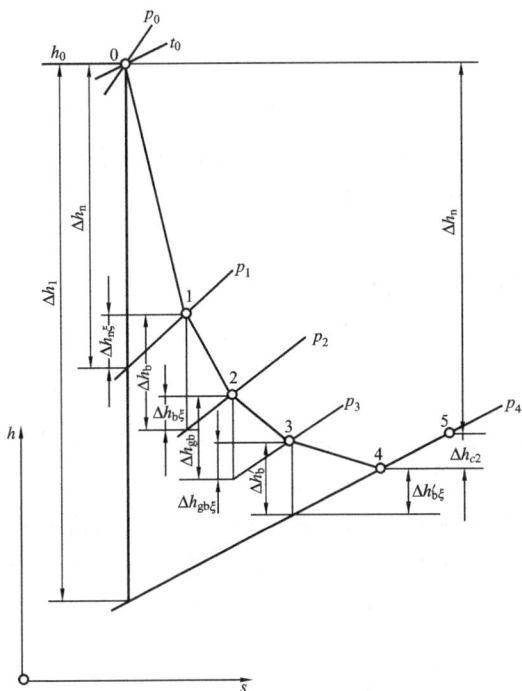

图 1-3　双列速度级热力过程线

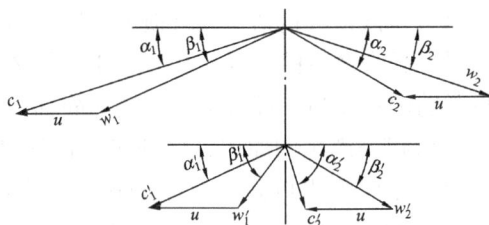

图 1-4　双列速度级速度三角形

五、级内损失与效率

1．级内损失与组成

级内损失：在级内影响蒸汽热力状态的损失；或在汽轮机通流部分中与流动、能量转换有直接联系的损失。

级内损失包括：叶栅损失、余速损失、扇形损失、叶轮摩擦损失、部分进汽损失、漏汽损失、湿汽损失等。

2．各损失产生的原因及减小措施

（1）叶栅损失。

叶栅损失包括：喷嘴损失和动叶损失。从产生的原因看：有叶型损失、叶端损失和冲波损失。

产生原因：附面层的摩擦损失、附面层分离时的涡流损失、叶片出口边有厚度形成的尾迹损失、叶顶与根部的摩擦和离心力形成的二次流、汽流速度由亚声速变为超声速时的冲波损失等。

减小措施：提高叶栅表面光洁度，采用合适的叶型，出口边厚度减薄，保证叶片高度。在这些都满足的情况下，选择最佳的相对节距。

（2）余速损失。

产生原因：蒸汽在本级内做完功流出时仍有速度 c_2，具有一定的能量，这部分能量不能被本级利用，对本级来说是一种损失。

减小措施：在最佳速比下工作，采用余速利用。

（3）扇形损失。

产生原因：叶片之间沿径向节距不同所引起的蒸汽参数与平均直径处的参数不同而产生损失。短叶片的扇形损失小，长叶片的扇形损失大。

减小措施：采用扭曲叶片。

（4）叶轮摩擦损失。

产生原因：叶轮与隔板之间腔室内存在蒸汽，由此形成附面层和沿径向流动的涡流。

减小措施：减小隔板与叶轮之间腔室容积，提高叶轮表面的光洁度。

（5）部分进汽损失。

部分进汽度：在平均直径处，装有喷嘴弧段的长度与整个圆周周长的比值。

计算公式为
$$e = \frac{z_n t_n}{\pi d_m}$$

部分进汽损失包括：鼓风损失、斥汽损失。

鼓风损失产生的原因：动叶在非工作区域内带动滞汽转动要消耗一部分能量，高速转动的叶轮将喷嘴出口一部分蒸汽带进动静轴向间隙减少了做功的蒸汽量。

斥汽损失产生的原因：由非工作区转到工作区时喷嘴出口高速汽流对动叶内滞汽的冲击，降低了喷嘴出口高速汽流的速度，即减小了其做功能力；高速转动的叶轮将动静轴向间隙中的蒸汽带进喷嘴出口，干扰了喷嘴出口的高速汽流，使其做功能力减少而形成损失。

减小措施：增大部分进汽度；无喷嘴弧段的动叶两侧加装护罩。

（6）漏汽损失。

产生原因：动静部分之间为了避免摩擦留有间隙；间隙前后有压差。在级内有隔板（或静叶环）漏汽和叶顶漏汽，对应着隔板（或静叶环）漏汽损失和叶顶漏汽损失。

减小措施：设置隔板（或静叶环）汽封、叶顶汽封，同时还可采用叶根汽封和叶轮上平衡孔来降低隔板漏汽的影响。

（7）湿汽损失。

产生原因：蒸汽在汽轮机内逐渐膨胀做功由过热区进入湿蒸汽区后，一部分蒸汽会凝结成水。从而导致做功的蒸汽量少了，水滴会降低蒸汽的流动速度，在动叶入口蒸汽会冲击在动叶背弧上而形成制动力，在下一级喷嘴入口蒸汽不能顺利进入形成冲击损失，蒸汽流动速度过快而产生过冷损失。

减小措施：采用去湿装置（吸水缝的静叶、带捕水槽的去湿装置），大功率机组采用中间再热，提高新蒸汽温度等。

提高叶片抗冲蚀能力的方法：在叶片进汽边背弧上镶焊硬质合金、镀铬、局部淬硬、电火花硬化、氮化等。

3. 级的相对内效率和内功率

（1）级的热力过程线。

考虑蒸汽在级内做功时的全部损失后，级的热力过程线如图 1-5 所示。其中 $4'$ 点为本级余速能量不被下级利用时本级的出口状态点和下一级的入口状态点；4 点为本级余速能量部分被下级利用时本级的出口状态点和下一级的入口状态点，4* 点为下一级的滞止进口状态点；3 点为本级余速能量全部被下级利用时本级的出口状态点和下一级的入口状态点。

（2）级的相对内效率

蒸汽在级内做功时的有效焓降与级的理想能量的比值。

$$\eta_{ri} = \frac{\Delta h_i}{E_0} = \frac{\Delta h_t^* - 级内所有损失}{E_0}$$

级的相对内效率反映了级内能量转换的完善程度。

（3）级的内功率。

$$P_i = \frac{D\Delta h_i}{3600}$$

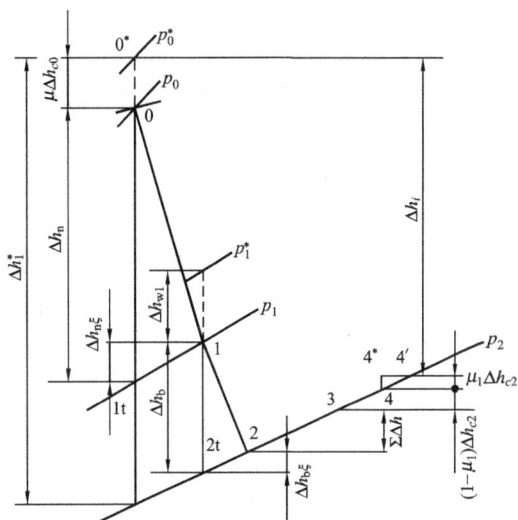

图 1-5 级的热力过程线

六、级的热力计算原理

该部分内容主要通过课程设计来进行学习和掌握。

七、扭叶片级

1. 长叶片采用扭叶片的原因

不采用扭叶片会形成附加损失：沿叶高圆周速度不同引起的损失，沿叶高节距不同引起的损失，轴向间隙中汽流径向流动所引起的损失。

附加损失的影响：使级的效率明显降低。

2. 扭叶片的设计方法

简单径向平衡法和完全径向平衡法。

1.3 重点难点与学习建议

一、本章重点

（1）级的定义、组成及能量转换过程。

（2）级的基本工作原理，级的反动度，级的分类及其特点。

（3）临界压力、临界压力比。

（4）蒸汽在渐缩斜切喷嘴斜切部分膨胀的特点，极限压力。

（5）动叶的进出口速度三角形。

（6）轮周功率、轮周效率及其影响因素。

（7）速比、最佳速比、不同级的做功能力比较。

（8）级内损失及其组成，各项损失产生的原因及减小措施。

（9）级的实际热力过程线和级的相对内效率。

二、本章难点

（1）冲动级、反动级的特点，能够比较它们的异同。

(2) 对速度级、调节级的理解与区别。

(3) 渐缩斜切喷嘴斜切部分膨胀的条件及其流量变化情况，临界流量的影响因素。

(4) 最佳速比与轮周效率之间的关系。

(5) 汽轮机不同级级内损失的类别分析。

(6) 级的实际热力过程线的画法及各个状态点的含义。

(7) 扭叶片的设计方法。

三、本章学习建议

(1) 必须建立起汽轮机整体结构的基本轮廓和级的基本结构。

(2) 将喷嘴计算和动叶计算放在一起进行比较，区分相同点和不同点。

(3) 明白级的轮周效率和级的相对内效率计算公式，并分析影响它们大小的因素及采取的措施。

(4) 将纯冲动级、反动级和冲动级的热力过程线进行比较，掌握其表示蒸汽做功的方法。

(5) 了解纯冲动级、反动级和双列速度级最佳速比的推导过程。

1.4 典型例题解析

已知汽轮机某纯冲动级喷嘴进口蒸汽的焓值为 $h_0 = 3369.3\text{kJ/kg}$，初速度 $c_0 = 50\text{m/s}$，喷嘴出口蒸汽的实际速度为 $c_1 = 470.21\text{m/s}$，速度系数 $\varphi = 0.97$，本级的余速未被下一级利用，该级内功率为 $P_i = 1227.2\text{kW}$，流量 $D_1 = 47\text{t/h}$，求：

(1) 喷嘴损失为多少？

(2) 喷嘴出口蒸汽的实际焓？

(3) 该级的相对内效率？

解答：(1)
$$c_{1t} = \frac{c_1}{\varphi} = \frac{470.21}{0.97} = 484.75 \ (\text{m/s})$$

喷嘴损失
$$\Delta h_{n\xi} = \frac{1}{2}c_{1t}^2(1-\varphi^2) = \frac{1}{2} \times \frac{484.75^2}{1000} \times (1-0.97^2) = 6.94 \ (\text{kJ/kg})$$

(2)
$$\Delta h_{c0} = \frac{c_0^2}{2} = 1250\text{J/kg} = 1.25 \ (\text{kJ/kg})$$
$$h_0^* = h_0 + \Delta h_{c0} = 3369.3 + 1.25 = 3370.55 \ (\text{kJ/kg})$$
$$h_{1t} = h_0^* - \frac{1}{2}c_{1t}^2 = 3370.55 - \frac{1}{2} \times \frac{484.75^2}{1000} = 3253 \ (\text{kJ/kg})$$

喷嘴出口蒸汽的实际焓
$$h_1 = h_{1t} + \Delta h_{n\xi} = 3253 + 6.94 = 3260 \ (\text{kJ/kg})$$

(3)
$$\Delta h_t^* = h_t^* - h_{1t} = 3370.55 - 3253 = 117.55 \ (\text{kJ/kg})$$
$$\Delta h_i = \frac{3600P_i}{D_1} = \frac{3600 \times 1227.2}{47 \times 1000} = 94 \ (\text{kJ/kg})$$

级的相对内效率
$$\eta_{ri} = \frac{\Delta h_i}{\Delta h_t^*} = \frac{94}{117.55} = 0.80$$

1.5　习题与参考答案

习　题

一、名词解释（解释下列概念）

1. 级
2. 纯冲动级
3. 反动级
4. 级的反动度
5. 极限压力
6. 级的轮周效率
7. 速比
8. 最佳速比
9. 部分进汽度
10. 级的相对内效率
11. 喷嘴的压力比
12. 喷嘴的临界压力比
13. 喷嘴的极限压力比

二、填空题（将适当的词语填入空格内，使句子正确、完整）

1. 汽轮机中完成 _____ 能转换为 _____ 能的最基本的工作单元称作 _____，它由 _____ 叶栅和 _____ 叶栅组成。

2. 汽轮机级的工作原理主要有 _____ 作用原理和 _____ 作用原理。

3. 级的反动度用于衡量蒸汽在 _____ 中的膨胀程度，即蒸汽在动叶栅中膨胀时的 _____ 和整个级的 _____ 之比。反动度的定义式为 $\Omega_m =$ _____。

4. 动叶不同高度处的反动度 _____ 同，级的平均反动度是指动叶 _____ 截面上的反动度。

5. 对于带反动度的冲动级，$\Omega_m =$ _____，其特点是蒸汽的膨胀大部分在 _____ 叶栅中进行，只有一小部分在 _____ 叶栅中进行，在一定条件下其做功能力比反动级 _____，效率比纯冲动级 _____。

6. 反动级的 $\Omega_m =$ _____，其特点是蒸汽在喷嘴和动叶中的膨胀程度 _____ 同，效率比纯冲动级高，在一定条件下其做功能力比纯冲动级 _____。反动级的喷嘴和动叶采用的叶型 _____ 同。

7. 双列速度级又称为 _____ 级，其做功能力 _____，但效率 _____，常用于中、小型汽轮机的 _____ 级。

8. _____ 能随负荷改变的级称作调节级，中、小型汽轮机的调节级为 _____ 级；大型汽轮机的调节级为 _____ 级，调节级总是做成 _____ 进汽的。

9. 喷嘴的临界压力比 ε_{cr} 是指喷嘴出口压力与 _____ 压力之比。它仅与蒸汽的 _____ 有关，对于过热蒸汽 $\varepsilon_{cr} \approx$ _____；对于干饱和蒸汽 $\varepsilon_{cr} \approx$ _____。

10. 喷嘴的临界速度是指与_____相等的汽流速度，其大小只与_____有关。

11. 喷嘴速度系数是指喷嘴_____与喷嘴_____之比，其定义式为 $\varphi=$_____。

12. 通过喷嘴的临界流量只与喷嘴的_____参数有关，而与_____参数无关。

13. 喷嘴的流量系数 μ_n 是指通过喷嘴的_____流量与_____流量之比。在过热蒸汽区 μ_n_____1；在湿蒸汽区 μ_n_____1。

14. 通过喷嘴的任一流量与_____之比，称为彭台门系数，其定义式为 $\beta=$_____，其大小与_____和_____有关。

15. 当蒸汽的等熵指数 κ 值一定时，喷嘴的彭台门系数 β 只与_____有关。

16. _____状态下喷嘴的彭台门系数 $\beta<1$；_____临界状态下 $\beta=1$；临界状态下 $\beta>1$。

17. 蒸汽在渐缩斜切喷嘴的斜切部分发生膨胀的条件是喷嘴的背压 p_1 必须_____于临界压力 p_{cr}。膨胀的结果使喷嘴出口汽流速度大于_____速度，汽流发生_____现象。

18. 当渐缩斜切喷嘴的压力比 ε_n_____临界压力比 ε_{cr} 时，蒸汽在斜切部分发生膨胀，此时喷嘴出口汽流速度_____于临界速度。

19. 当渐缩斜切喷嘴的压力比 ε_n 小于其极限压力比 ε_{1d} 时，会发生_____现象。

20. 动叶栅的圆周速度的计算式为 $u=$_____。

21. 动叶速度系数 ψ 是指动叶出口_____速度与动叶出口_____速度之比，其定义式为 $\psi=$_____。

22. 余速利用系数 μ_0 表示_____级余速动能在_____级被利用的程度，μ_1 表示_____级余速动能被_____级利用的程度。

23. 单位时间内_____在动叶上所做的功称为轮周功率。

24. 单位时间内周向力在动叶上所做的功称为_____。

25. 级的轮周效率是指蒸汽在级内所做的_____与蒸汽在该级中所具有的_____之比。其定义式为 $\eta_u=$_____。

26. 在进行级的热力计算时，级的理想能量 $E_0=$_____。

27. 级的速比表示_____与_____之比，轮周效率最高时的速比称为_____，此时动叶的绝对排汽角 $\alpha_2=$_____。

28. 轮周效率_____时的速比称为最佳速比，纯冲动级的最佳速比 $x_{lop}^{im}=$_____，反动级的最佳速比 $x_{lop}^{re}=$_____，复速级的最佳速比 $x_{lop}^{ve}=$_____。

29. 在相同的 φ、α_1 条件下，冲动级、反动级、复速级中_____级的焓降最大；_____级的效率最高。

30. 当 α_1、φ、n 和 d_m 相同时，在各自的最佳速比下，复速级、纯冲动级和反动级的做功能力之比为 $\Delta h_t^{ve}:\Delta h_t^{im}:\Delta h_t^{re}=$_____。

31. 叶型是指叶片的_____。按照叶型的不同，可以把叶片分为_____叶片和_____叶片。

32. 叶栅损失包括_____损失和_____损失。若从叶栅损失产生的原因看，它由_____损失、_____损失和_____损失组成。

33. 当叶高小于 12~15mm 时，_____损失会急剧增大。

34. 对于不同的级，在_____速比下，余速损失最小。

35. 叶片径高比的定义式为 $\theta=$_____，当径高比<8 时，为减小_____损失，应采用_____叶片。

36. 部分进汽损失只在部分进汽度 e _____ 1 的级中存在，部分进汽度的计算式为 $e=$_____；全周进汽的级，e _____ 1。

37. 部分进汽损失由_____损失和_____损失两部分组成。

38. 部分进汽损失由鼓风损失和斥汽损失两部分组成，其中鼓风损失发生在_____的弧段上，斥汽损失发生在_____的进汽弧段内。

39. 减少隔板漏汽损失的方法是：在隔板与转轴处加装_____、在动叶根部处设置_____、在叶轮上开_____。

40. 减少叶顶漏汽损失的方法是：在动叶顶部加装_____；减少扭叶片顶部的_____。

41. 级的相对内效率是指级的_____与级的_____之比，其表达式为 $\eta_{ri}=$_____。

42. 考虑级内的各项损失后，同一级的相对内效率比轮周效率_____，且相对内效率最高时的最佳速比_____于轮周效率最高时的最佳速比。

43. 动叶的_____与喷嘴的_____之差称为盖度，盖度由_____盖度和_____盖度两部分组成。

44. 一般规定，汽轮机末级叶片后排汽的最大可见湿度不超过_____。

45. 汽轮机级的相对内效率表达式为 $\eta_{ri}=$_____。

三、判断题 [判断下列命题是否正确，若正确在 ( ) 内打"　"，错误在 ( ) 内打"×"]

1. 大功率汽轮机都是由若干个最基本的工作单元——级组成的。( )

2. 汽轮机的所有级都是由一列喷嘴和一列动叶栅组成的。( )

3. 冲动式汽轮机就是利用冲动作用原理做功的汽轮机，所以蒸汽在动叶中不膨胀，动叶上只受到冲动力的作用。( )

4. 为了提高级的相对内效率，蒸汽在动叶中的膨胀程度越大越好，在喷嘴中的膨胀程度越小越好，所以反动式汽轮机级的反动度可以大于 0.5。( )

5. 级的反动度越大，蒸汽在级内的焓降越大，多级汽轮机的焓降也越大，汽轮机的功率越大。( )

6. 级的反动度表明了蒸汽在动叶中的膨胀程度。( )

7. 调节级就是喷嘴调节汽轮机的第一级。( )

8. 双列速度级由于有两列动叶栅，所以它是由两个级组成的。( )

9. 当喷嘴高度小于 12mm 或 15mm 时，叶端损失增大，使得喷嘴的损失急剧增加。( )

10. 对于一个给定的喷嘴和确定的蒸汽参数，通过喷嘴的临界流量只与蒸汽的初参数有关，与背压无关。临界流量的大小随初压的升高而增加。( )

11. 通过喷嘴的实际流量与理想流量的比值称为喷嘴的流量系数，该流量系数始终小于 1。( )

12. 蒸汽在渐缩斜切喷嘴内膨胀而发生临界状态时，只有喉部截面上是临界压力。（　　）

13. 只要渐缩斜切喷嘴前后有压差，蒸汽就可以在渐缩斜切喷嘴的斜切部分膨胀。（　　）

14. 蒸汽在渐缩斜切喷嘴斜切部分膨胀的条件是背压小于临界压力。（　　）

15. 渐缩斜切喷嘴可以获得超声速汽流，所以只要蒸汽在渐缩斜切喷嘴内膨胀，就可以得到超声速汽流。（　　）

16. 所谓极限压力，就是蒸汽在渐缩斜切喷嘴斜切部分达到完全膨胀时出口截面上的最低压力。（　　）

17. 在最佳速度比下，级的相对内效率也最高。（　　）

18. 纯冲动级的做功能力为反动级做功能力的两倍，所以在相同的进排汽参数下，由纯冲动级和反动级组成的汽轮机的级数也就不相同。（　　）

19. 由于蒸汽在反动级动叶中的膨胀程度大，所以反动级的效率高于纯冲动级的效率。（　　）

20. 汽轮机的调节级由于采用若干个调节汽阀控制相应的喷嘴组而实现部分进汽，压力级由于没有阀门控制其通流面积大小而全部采用全周进汽。（　　）

21. 部分进汽损失只存在于调节级中。（　　）

22. 沿蒸汽流动方向，由于汽轮机的通流面积逐渐增大，蒸汽与转动部分的接触面积也逐渐增大，所以叶轮摩擦损失也逐渐增加。（　　）

23. 在汽轮机级的通流部分设置汽封后，就可以完全阻止漏汽及其引起的损失。（　　）

24. 在叶片进汽边背弧上进行强化处理后，可以减少湿蒸汽所产生的损失。（　　）

25. 当汽轮机进汽参数和排汽参数一定时，采用中间再热减小湿汽损失的主要原因是蒸汽的比体积增大了，其在汽轮机内的充满度高了，产生的鼓风摩擦损失减小了。（　　）

四、选择题 [下列各题答案中选一个正确答案编号填入（　　　）内]

1. 汽轮机的级是由（　　）组成的。

A. 隔板＋喷嘴；　　　　　　　　　　B. 汽缸＋转子；

C. 喷嘴＋动叶；　　　　　　　　　　D. 主轴＋叶轮。

2. 蒸汽在汽轮机级内流动过程中，能够推动旋转对外做功的有效力是（　　）。

A. 轴向力；　　　　　　　　　　　　B. 径向力；

C. 周向力；　　　　　　　　　　　　D. 蒸汽压差。

3. 工作在湿蒸汽区的汽轮机的级，受水珠冲刷腐蚀最严重的部位是（　　）。

A. 动叶顶部进汽边背弧处；　　　　　B. 动叶顶部进汽边内弧处；

C. 动叶根部进汽边背弧处；　　　　　D. 喷嘴进汽边背弧处。

4. 在纯冲动式汽轮机级中，如果不考虑损失，蒸汽在动叶通道中（　　）。

A. 相对速度增加；

B. 相对速度降低；

C. 相对速度只改变方向，而大小不变；

D. 相对速度大小和方向都不变。

5. 下列说法正确的是（　　）。

A. 喷嘴流量总是随喷嘴出口速度的增大而增大；

B. 喷嘴流量不随喷嘴出口速度的增大而增大；

C. 喷嘴流量可能随喷嘴出口速度的增大而增大，也可能保持不变；

D. 以上说法都不对。

6. 汽轮机中反动度为 0.5 的级被称为 (　　)。

　A. 纯冲动级；　　　　　　　　　　(B) 带反动度的冲动级；

　C. 复速级；　　　　　　　　　　　D. 反动级。

7. 在反动式汽轮机级中，如果不考虑损失，则 (　　)。

　A. 蒸汽在动叶通道中的绝对速度增大；

　B. 蒸汽在动叶通道中绝对速度降低；

　C. 蒸汽在动叶通道中相对速度只改变方向，而大小不变；

　D. 以上说法都不对。

8. 在喷嘴出口面积一定的情况下，请判断下列关于喷嘴临界流量说法正确的是 (　　)。

　A. 喷嘴临界流量只与喷嘴初参数有关；

　B. 喷嘴临界流量只与喷嘴终参数有关；

　C. 喷嘴临界流量与喷嘴压力比有关；

　D. 喷嘴临界流量既与喷嘴初参数有关，也与喷嘴终参数有关。

9. 在喷嘴出口方向角 α_1 和圆周速度 u 相等时，纯冲动级和反动级在最佳速比下所能承担的焓降之比为 (　　)。

　A. 1：2；　　　　　　　　　　　　B. 2：1；

　C. 1：1；　　　　　　　　　　　　D. 1：4。

10. 在 α_1、φ、ψ 及圆周速度相同的情况下，做功能力最大的级为 (　　)。

　A. 纯冲动级；　　　　　　　　　　B. 带反动度的冲动级；

　C. 复速级；　　　　　　　　　　　D. 反动级。

11. 在反动级中，下列说法正确的是 (　　)。

　A. 蒸汽在喷嘴中理想焓降为零；

　B. 蒸汽在动叶中理想焓降为零；

　C. 蒸汽在喷嘴与动叶中的理想焓降相等；

　D. 蒸汽在喷嘴的理想焓降小于动叶的理想焓降。

12. 在汽轮机工作过程中，下列哪些部件是静止不动的？(　　)

　A. 叶轮；　　　　　　　　　　　　B. 叶片；

　C. 隔板；　　　　　　　　　　　　D. 轴。

13. 纯冲动级内能量转换的特点是 (　　)。

　A. 蒸汽只在动叶栅中进行膨胀；　　B. 蒸汽仅对喷嘴施加反动力；

　C. 喷嘴进出口蒸汽压力相等；　　　D. 喷嘴理想焓降等于动叶理想焓降。

14. 汽轮机级采用部分进汽度的原因是 (　　)。

　A. 叶片太长；　　　　　　　　　　B. 叶片太短；

　C. 存在鼓风损失；　　　　　　　　D. 存在斥汽损失。

15. 下列哪种措施可以减小级的扇形损失？(　　)

　A. 采用部分进汽；　　　　　　　　B. 采用去湿槽；

　C. 采用扭叶片；　　　　　　　　　D. 采用复速级。

16. 扭曲叶片用于降低汽轮机的下列哪种损失？（　　　）

A. 叶高损失；　　　　　　　　　　　　B. 扇形损失；

C. 湿汽损失；　　　　　　　　　　　　D. 摩擦鼓风损失。

17. 反动级动叶入口压力为 p_1，出口压力为 p_2，则 p_1 和 p_2 的关系为（　　　）。

A. $p_1 < p_2$；　　　　　　　　　　　B. $p_1 > p_2$；

C. $p_1 = p_2$；　　　　　　　　　　　D. $p_1 = 0.5 p_2$。

18. 当喷嘴的压力比 ε_n 大于临界压力比 ε_{cr} 时，则喷嘴的出口蒸汽流速 c_1（　　　）。

A. $c_1 < c_{cr}$；　　　　　　　　　　B. $c_1 = c_{cr}$；

C. $c_1 > c_{cr}$；　　　　　　　　　　D. $c_1 \leqslant c_{cr}$。

19. 蒸汽在喷嘴斜切部分膨胀的条件是（　　　）。

A. 喷嘴后压力小于临界压力；　　　　B. 喷嘴后压力等于临界压力；

C. 喷嘴后压力大于临界压力；　　　　D. 喷嘴后压力大于喷嘴前压力。

20. 能够降低汽轮机排汽湿度，减小湿汽损失的措施是（　　　）。

A. 采用回热加热；　　　　　　　　　B. 采用中间再热；

C. 提高新蒸汽压力；　　　　　　　　D. 降低排汽压力。

五、问答题

1. 说明 N300 – 16.7/538/538 汽轮机型号中各参数的含义。

2. 简述汽轮机级的组成，并说明蒸汽的热能在级内是如何转化为机械能的。

3. 简述冲动级的工作原理。

4. 简述反动级的工作原理。

5. 试比较纯冲动级和反动级的主要区别。

6. 分析蒸汽在渐缩斜切喷嘴中的膨胀特点。

7. 级内损失有哪几项？汽轮机末几级一般不考虑哪几项损失？

8. 常见的去湿装置有哪些？提高动叶抗冲蚀能力的措施是什么？

六、计算题

1. 已知某纯冲动级喷嘴出口蒸汽速度 $c_1 = 665\text{m/s}$，出汽角 $\alpha_1 = 12°$，动叶圆周速度 $u = 322\text{m/s}$，若动叶进、出口角度相等，喷嘴速度系数 $\varphi = 0.97$，动叶速度系数 $\psi = 0.90$，通过该级的蒸汽流量 $G = 1.8\text{kg/s}$。试求：

(1) 蒸汽进入动叶的相对速度 w_1 和角度 β_1；

(2) 蒸汽作用在动叶上的周向力 F_u。

2. 已知机组某级反动度 $\Omega_m = 0.2$，级内蒸汽理想滞止焓降 $\Delta h_t^* = 78.5\text{kJ/kg}$，喷嘴出汽角 $\alpha_1 = 18°$，动叶进出汽角的关系为 $\beta_2 = \beta_1 - 6°$，级平均直径为 $d_m = 1080\text{mm}$，转速 $n = 3000\text{r/min}$，喷嘴速度系数 $\varphi = 0.95$，动叶速度系数 $\psi = 0.94$，试计算并绘出动叶进出口速度三角形。

3. 某机组级前蒸汽压力 $p_0 = 2.0\text{MPa}$，温度 $t_0 = 350℃$，焓 $h_0 = 3132\text{kJ/kg}$，初速 $c_0 = 70\text{m/s}$；级后蒸汽压力 $p_2 = 1.5\text{MPa}$，由初态等熵膨胀至级后压力 p_2 时的焓 $h_{2t} = 3056\text{kJ/kg}$。喷嘴出汽角 $\alpha_1 = 18°$，反动度 $\Omega_m = 20\%$，动叶进出汽角 $\beta_2 = \beta_1 - 6°$，级的平均直径 $d_m = 1080\text{mm}$，转速 $= 3000\text{r/min}$，喷嘴速度系数 $\varphi = 0.95$，动叶速度系数 $\psi = 0.94$。

(1) 绘出级的热力过程线并表示以上各热力参数及级的进口滞止状态点。

(2) 试求动叶出口相对速度 w_2 和绝对速度 c_2。

4. 某反动级理想焓降 $\Delta h_t = 62.1 \text{kJ/kg}$，初始动能 $\Delta h_{c0} = 1.8 \text{kJ/kg}$，蒸汽流量 $G = 4.8 \text{kg/s}$，若喷嘴损失 $\Delta h_{n\xi} = 5.6 \text{kJ/kg}$，动叶损失 $\Delta h_{b\xi} = 3.4 \text{kJ/kg}$，余速损失 $\Delta h_{c2} = 3.5 \text{kJ/kg}$，余速利用系数 $\mu_1 = 0.5$。

(1) 计算该级的轮周功率和轮周效率。

(2) 绘制该级的热力过程线。

参考答案

一、名词解释（解释下列概念）

1. 级：将热能转变成为旋转机械能的最基本工作单元。

2. 纯冲动级：反动度为零的级是纯冲动级；或蒸汽仅在喷嘴中膨胀而在动叶中不膨胀的级。

3. 反动级：反动度为 0.5 的级是反动级；或蒸汽在喷嘴和动叶中的膨胀程度相同，通过冲动力和反动力的共同作用进行能量的转换。

4. 级的反动度：蒸汽在动叶中的理想焓降与级的滞止理想焓降之比。

5. 极限压力：蒸汽在渐缩斜切喷管的斜切部分达到完全膨胀时出口截面上的最低压力。

6. 级的轮周效率：1kg 蒸汽在动叶上所做的轮周功与级的理想能量的比值。

7. 速比：圆周速度与喷管出口汽流速度的比值。

8. 最佳速比：轮周效率最高时对应的速比。

9. 部分进汽度：在平均直径处，装有喷嘴的工作弧长与整个圆周长的比值。

10. 级的相对内效率：蒸汽在级内做功时的有效焓降和级的理想能量的比值。

11. 喷嘴的压力比：喷嘴出口的背压和喷嘴滞止压力的比值。

12. 喷嘴的临界压力比：喷嘴的临界压力和喷嘴入口滞止压力的之比。

13. 喷嘴的极限压力比：喷嘴的极限压力和喷嘴滞止压力的比值。

二、填空题（将适当的词语填入空格内，使句子正确、完整）

1. 热，机械，级，静，动

2. 冲动，反动

3. 动叶，理想焓降 Δh_b，理想滞止焓降 Δh_t^*，$\Delta h_b / \Delta h_t^*$

4. 不，平均直径

5. 0.05~0.2，喷嘴，动，大，高

6. 0.5，相，小，相

7. 复速，大，低，第一

8. 通流面积，复速，单列冲动，部分

9. 临界，性质，0.546，0.577

10. 当地声速，初参数

11. 出口实际速度，出口的理想速度，c_1 / c_{1t}

12. 初，终

13. 实际，理想，$<$，$>$

14. 同一初始状态下的临界流量，G/G_{cr}，喷嘴压力比 ε_n，等熵指数 κ

15. 喷嘴压力比 ε_n

16. 亚临界，临界、超

17. 小，临界，偏转

18. $<$，大

19. 膨胀不足

20. $\pi d_m n/60$

21. 实际相对，理想相对，w_2/w_{2t}

22. 上，本，本，下

23. 周向力

24. 轮周功率

25. 轮周功，理想能量，w_{u1}/E_0

26. $\mu_0 \Delta h_{c0} + \Delta h_t - \mu_1 \Delta h_{c2}$

27. 圆周速度，喷嘴出口汽流速度，最佳速比，$90°$

28. 最高，$\cos\alpha_1/2$，$\cos\alpha_1$，$\cos\alpha_1/4$

29. 复速，反动

30. $8:2:1$

31. 横截面形状，等截面，变截面扭

32. 喷嘴，动叶，叶型，叶端，冲波

33. 叶端

34. 最佳

35. d_b/l_b，扇形，变截面扭

36. $<$，$\dfrac{Z_n t_n}{\pi d_m}$，$=$

37. 鼓风，斥汽

38. 不装喷嘴，装有喷嘴

39. 梳齿汽封，叶根汽封，平衡孔

40. 汽封，反动度

41. 有效焓降，理想能量，$\Delta h_i/E_0$

42. 低，小

43. 进口高度，出口高度，顶部，根部

44. $12\%\sim15\%$

45. $\Delta h_i/E_0$

三、判断题［判断下列命题是否正确，若正确在（　　）内打"　"，错误在（　　）内打"×"］

1. √；2. ×；3. ×；4. ×；5. ×；6. √；7. ×；8. ×；9. √；10. √；11. ×；12. ×；13. ×；14. √；15. ×；16. √；17. ×；18. ×；19. ×；20. ×；21. ×；22. ×；23. ×；24. ×；25. ×。

四、选择题［下列各题答案中选一个正确答案编号填入（　　）内］

1. C；2. C；3. A；4. C；5. C；6. D；7. B；8. A；9. B；10. C；11. C；12. C；

13. B；14. B；15. C；16. B；17. B；18. A；19. A；20. B。

五、问答题

1. 答：N——凝汽式汽轮机，300——额定功率是 300MW，16.7——主蒸汽压力为 16.7MPa；538——主蒸汽温度为 538℃，538——再热温度为 538℃。

2. 答：级由一列喷管和其后的动叶栅所组成。

能量转换过程：蒸汽在喷嘴中进行降压膨胀，将蒸汽的热能转化为动能，形成高速汽流；在动叶中将蒸汽的动能和热能转化为旋转的机械能。

3. 答：对于冲动级，由于具有一定的反动度，所以蒸汽不仅在喷嘴中膨胀，而且在动叶中也要膨胀，只不过喷嘴中膨胀的多，动叶中膨胀的少；因此动叶中不仅有冲动力，而且也有一定的反动力，通过它们的合力进行能量的转换。由于蒸汽在动叶中膨胀了，所以动叶前后有压差，蒸汽在动叶中的相对速度增加了，损失减小了，效率比纯冲动级有所提高。

4. 答：在反动级中，由于其反动度为 0.5，所以蒸汽不仅在喷嘴中膨胀，而且在动叶中也要膨胀，并且它们的膨胀程度相同，动叶上既有较大的反动力，又有冲动力，在合力作用下进行能量转换。由于蒸汽在动叶中的膨胀程度大，所以动叶前后的压差大，动叶内的汽流速度高，损失小，效率也较高。

5. 答：纯冲动级和反动级的主要区别如下表所示。

序号	纯 冲 动 级	反 动 级
1	$\Omega_m = 0.05 \sim 0.2$	$\Omega_m = 0.5$
2	动叶前后压力相等	动叶前的压力高于动叶后的压力
3	蒸汽在动叶中不膨胀加速	蒸汽在动叶中继续膨胀加速
4	冲动力做功	冲动力和反动力联合做功
5	喷嘴和动叶叶型不同	喷嘴和动叶叶型相同
6	一定条件下做功能力大	一定条件下做功能力小
7	效率低	效率较高

6. 答：特点有：(1) 喷管的压力比 ε_n 等于 1。则喷嘴前后无压差，蒸汽在喷嘴中不膨胀，喷嘴出口汽流的速度为 0，流量为 0。

(2) 喷管的压力比 ε_n 小于 1 而大于临界压力比 ε_{cr}。蒸汽在渐缩膨胀，膨胀到某一截面时达到背压，喉部为背压，因此蒸汽在斜切部分不膨胀而只起导向作用。喷嘴出口汽流的速度小于临界速度，流量小于临界流量。

(3) 喷管的压力比 ε_n 等于临界压力比 ε_{cr}。蒸汽在渐缩膨胀，膨胀到喉部截面时达到临界与背压相等，因此蒸汽在斜切部分不膨胀而只起导向作用。喷嘴出口汽流的速度等于临界速度，流量等于临界流量。

(4) 喷管的压力比 ε_n 小于临界压力比 ε_{cr} 而大于极限压力。蒸汽不仅在渐缩膨胀，在斜切部分也要膨胀，在某一截面达到背压。因此喷嘴出口汽流的速度大于临界速度，流量等于临界流量，并且汽流发生了偏转。

(5) 喷管的压力比 ε_n 等于极限压力。蒸汽不仅在渐缩膨胀，在斜切部分达到完全膨胀，在出口截面达到背压。因此喷嘴出口汽流的速度远远大于临界速度，流量等于临界流量，并且汽流的偏转角达到最大。

（6）喷管的压力比 ε_n 小于极限压力。会产生膨胀不足，蒸汽要在喷嘴外进行膨胀，没有作用，无意义。

7. 答：级内损失有：叶栅损失（或喷管损失、动叶损失）、部分进汽损失、叶轮的摩擦损失、漏汽损失、扇形损失、湿汽损失、余速损失。

汽轮机末几级一般不考虑部分进汽损失和叶高损失，如果是扭叶片一般不考虑扇形损失。

8. 答：常见的去湿装置有：设置专用的捕水室，采用带吸水缝的空心喷嘴。

提高动叶抗冲蚀能力的措施有：在动叶顶端的背弧上镶焊司太立合金、镀铬或电火花强化处理等。

六、计算题

1. 解答：（1）进入动叶的相对速度 $w_1 = \sqrt{c_1^2 + u^2 - 2c_1 u \cos\alpha_1} = 356.38$（m/s）

动叶的相对进汽角 $\beta_1 = \arcsin \dfrac{c_1 \sin\alpha_1}{w_1} = 22.82°$

由于是纯冲动级，所以 $w_2 = \psi w_1 = 320.74$（m/s）

$$\beta_1 = \beta_2 = 22.82°$$

（2）作用在动叶上的周向力

$$F_u = G(w_1 \cos\beta_1 + w_2 \cos\beta_2) = 1123.42 \text{（N）}$$

2. 解答：圆周速度 $u = \dfrac{\pi d_m n}{60} = \dfrac{3.14 \times 1.08 \times 3000}{60} = 169.56$（m/s）

喷管的滞止理想焓降为 $\Delta h_n^* = (1 - \Omega_m)\Delta h_t^* = (1 - 0.2) \times 78.5 = 62.8$（kJ/kg）

动叶的理想焓降为 $\Delta h_b = \Omega_m \Delta h_t^* = 15.7$（kJ/kg）

喷管出口的理想速度 $c_{1t} = \sqrt{2\Delta h_n^*} = \sqrt{2 \times 62.8 \times 1000} = 354.4$（m/s）

喷管出口的实际理想速度 $c_1 = \varphi c_{1t} = 0.95 \times 354.4 = 336.7$（m/s）

动叶进口的相对速度 $w_1 = \sqrt{c_1^2 + u^2 - 2c_1 u \cos\alpha_1} = 183.1$（m/s）

动叶的相对进汽角 $\beta_1 = \arcsin \dfrac{c_1 \sin\alpha_1}{w_1} = 34.6°$

动叶的相对出汽角 $\beta_2 = \beta_1 - 6 = 28.6°$

动叶出口的理想相对速度 $w_{2t} = \sqrt{2\Delta h_b + w_1^2} = 254.8$（m/s）

动叶出口的实际相对速度 $w_2 = \psi w_{2t} = 0.94 \times 254.67 = 239.5$（m/s）

动叶出口的绝对速度 $c_2 = \sqrt{w_2^2 + u^2 - 2w_2 u \cos\beta_2} = 121.7$（m/s）

$$\alpha_2 = \arcsin\left(\frac{w_2 \sin\beta_2}{c_2}\right) = \arcsin\left(\frac{239.39 \times \sin 28.64}{121.69}\right) = 70.54°$$

动叶进出口蒸汽的速度三角形如图 1-6 所示。

3. 解答：（1）级的热力过程线如图 1-7 所示；

（2）计算动叶出口相对速度 w_2 和绝对速度 c_2：

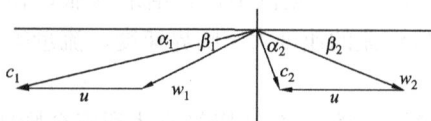

图 1-6 计算题 2 图

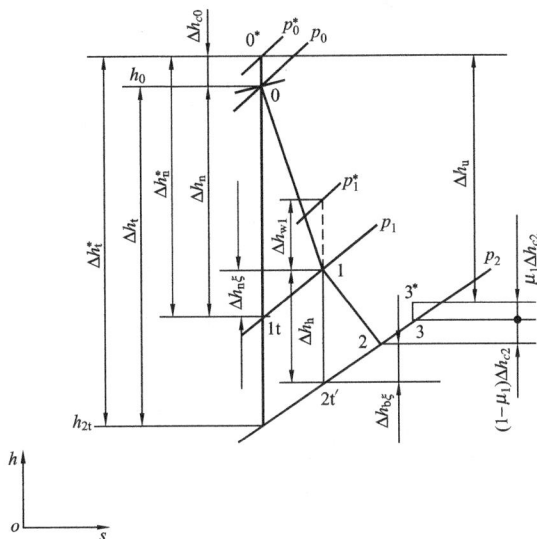

图 1-7　计算题 3 图

级的理想焓降为 $\Delta h_t = h_0 - h_{2t} = 3132 - 3056 = 76$（kJ/kg）

级的滞止理想焓降为 $\Delta h_t^* = \Delta h_t + \dfrac{c_0^2}{2} = 76 + 70^2/2000 = 78.45$（kJ/kg）

喷管的滞止理想焓降为 $\Delta h_n^* = (1 - \Omega_m)\Delta h_t^* = (1 - 0.2) \times 78.45 = 62.76$（kJ/kg）

动叶的理想焓降为 $\Delta h_b = \Omega_m \Delta h_t^* = 15.69$（kJ/kg）

喷管出口的理想速度 $c_{1t} = \sqrt{2\Delta h_n^*} = \sqrt{2 \times 62.76 \times 1000} = 354.29$（m/s）

喷管出口的实际理想速度 $c_1 = \varphi c_{1t} = 0.95 \times 354.29 = 336.57$（m/s）

圆周速度 $u = \dfrac{\pi d_m n}{60} = \dfrac{3.14 \times 1.08 \times 3000}{60} = 169.56$（m/s）

动叶进口的相对速度 $w_1 = \sqrt{c_1^2 + u^2 - 2c_1 u \cos\alpha_1} = 182.97$（m/s）

动叶的相对进汽角 $\beta_1 = \arcsin\dfrac{c_1 \sin\alpha_1}{w_1} = 34.64°$

动叶的相对出汽角 $\beta_2 = \beta_1 - 6 = 28.64°$

动叶出口的理想相对速度 $w_{2t} = \sqrt{2\Delta h_b + w_1^2} = 254.67$（m/s）

动叶出口的实际相对速度 $w_2 = \psi w_{2t} = 0.94 \times 254.67 = 239.39$（m/s）

动叶出口的绝对速度 $c_2 = \sqrt{w_2^2 + u^2 - 2w_2 u \cos\beta_2} - 121.69$（m/s）

4. 解答：（1）级的轮周有效焓降

$$\begin{aligned}
\Delta h_u &= \Delta h_t^* - \Delta h_{n\xi} - \Delta h_{b\xi} - \Delta h_{c2} \\
&= 62.1 + 1.8 - 5.6 - 3.4 - 3.5 \\
&= 51.4 \text{（kJ/kg）}
\end{aligned}$$

轮周功率　　　　　　$P_u = G\Delta h_u = 4.8 \times 51.4 = 246.7$（kW）

轮周效率

$\eta_u = \Delta h_u / E_0 = \Delta h_u / (\Delta h_t^* - \mu_1 \Delta h_{c2}) = 51.4/(62.1 + 1.8 - 0.5 \times 3.5) = 82.7\%$

（2）级的热力过程线如图1-8所示。

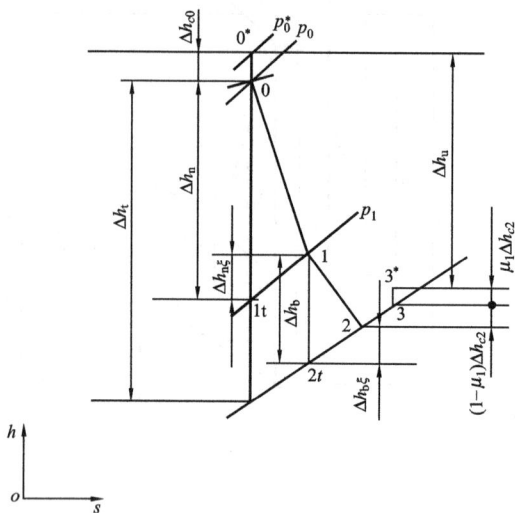

图 1-8　计算题 4 图

第 2 章

多 级 汽 轮 机

2.1 学习目标与要求

（1）掌握汽轮机相对内效率、重热现象、汽轮机的内部损失和外部损失、机械效率、发电机效率、汽轮机的相对有效效率、汽轮发电机组的相对电效率、绝对效率、汽耗率、热耗率及汽轮机极限功率等概念，理解汽轮机相对内效率、机械效率、发电机效率与汽轮机的相对有效效率、汽轮发电机组的相对电效率、绝对效率之间的关系。

（2）理解多级汽轮机的有效焓降与各级有效焓降的关系，并能通过焓熵图予以表示。熟悉各级理想焓降与整机理想焓降之间的关系。

（3）掌握余速利用对级的相对内效率、汽轮机相对内效率的影响，并能通过热力过程线来进行描述，理解余速利用的条件。

（4）掌握重热现象对汽轮机相对内效率的作用，理解级的相对内效率和汽轮机相对内效率之间的内在关系，在理解的基础上能够推导出来，能够通过热力过程线表示重热现象。了解各级段的工作特点。

（5）能够区分和会画单缸汽轮机、双缸无再热汽轮机、一次中间再热汽轮机的热力过程线，理解热力过程线中各条线表示的内容。

（6）掌握多级汽轮机外部损失和内部损失的组成，理解它们的形成原因，掌握轴封系统的工作过程，尤其是对自密封系统的理解。

（7）了解影响汽轮机极限功率的因素，熟悉提高单机功率的途径，并能与现今大功率汽轮机的实际情况结合起来。

（8）理解汽轮机的轴向推力与各级轴向推力的关系，掌握各级轴向推力的组成和汽轮机轴向推力的平衡措施，能够区分冲动式汽轮机和反动式汽轮机轴向推力的平衡措施。

2.2 基 本 知 识 点

一、多级汽轮机的工作特点

1. 大功率汽轮机必须采用多级汽轮机

要增大汽轮机功率就必须增加汽轮机的理想焓降和蒸汽流量。若仍采用单级，则在最佳速比下，理想焓降增加时圆周速度也必须增加，增大圆周速度受到叶片材料强度的限制，所以级的理想焓降不能无限制地增加；在叶片材料强度限制下，叶片高度受到限制，通流面积受到限制，流量受到限制。所以每一级的功率就比较小，要增大功率必须采用多级。

2. 多级汽轮机的热力过程线及其相对内效率

根据单缸多级汽轮机的热力过程线可以得到：多级汽轮机的有效焓降等于各级有效焓降之和；多级汽轮机的内功率等于各级内功率之和。

汽轮机的相对内效率：蒸汽在汽轮机内的有效焓降与其理想焓降的比值。其表达式为

$$\eta_{ri} = \frac{\Delta h_i}{\Delta h_t}$$

3. 多级汽轮机的余速利用

余速利用使得级的相对内效率和汽轮机的相对内效率都得到提高，但提高的途径是不同的。级的余速利用使得蒸汽在本级内的一部分能量转入到下一级作为理想能量而不是理想焓降而加以利用。多级汽轮机的余速利用是整个汽轮机的实际热力过程线左移，增大了做功的有效焓降。

余速利用的条件：①相邻两级的部分进汽度相同；②相邻两级的通流面积平滑过渡；③相邻两级之间的轴向间隙要小，流量变化不大；④前一级的排汽角和下一级喷嘴的进汽角一致。

4. 多级汽轮机的重热现象

重热的实质：蒸汽在级内做功时的级内损失使热力过程线向右移动和等压线沿熵增方向是渐扩的。

重热现象：在多级汽轮机中，前面级的损失可以部分地被以后各级利用，使得各级理想焓降之和大于汽轮机的理想焓降，这种现象称为重热现象。

重热系数：由重热而增加的理想焓降占汽轮机理想焓降的比例。

$$\alpha = \frac{\sum \Delta h_t - \Delta H_t}{\Delta H_t}$$

重热对汽轮机相对内效率的影响：重热使得汽轮机的相对内效率大于各级的平均相对内效率，但重热系数越大汽轮机的相对内效率越低。

$$\eta_{ri} = \eta_{rim}(1 + \alpha)$$

5. 多级汽轮机各级段的工作特点

高压段：工作蒸汽压力高、温度高，各级焓降不大，蒸汽的体积变化不大，其通流面积变化平缓。

低压段：工作蒸汽压力低，各级焓降大，蒸汽的体积变化大，其通流面积变化快。

中间段：介于高压段和低压段之间。

二、汽轮机的损失、效率及热经济指标

1. 多级汽轮机的损失

（1）汽轮机的外部损失：不直接影响蒸汽热力状态的损失。包括机械损失、外部漏汽损失。

机械损失：转子要克服支持轴承、推力轴承的摩擦阻力；要带动主油泵、测速齿轮、机械式危急保安器工作等所消耗的能量。

外部漏汽损失：汽缸两端轴颈穿出处的漏汽（气）所产生的损失。

减少外部漏汽损失的措施——采用轴封系统，即汽轮机各汽缸端部的轴封及其与之相连接的管道和附属设备。

轴封系统的组成：轴封汽源、调压站、轴封供汽母管（高压和低压）、轴封供汽管道、减温器、溢流阀、轴封冷却器等。

启动时的轴封供汽：先由轴封汽源通过轴封供汽母管向轴封供汽，达到一定负荷时高压侧轴封达到自密封，随着负荷的升高中压侧达到自密封，此时高中压缸的轴封漏汽通过供汽管道进入轴封供汽母管，当轴封供汽母管压力高于某一数值时切断供汽汽源，则低压轴封的汽源完全由高中压缸的轴封漏汽通过减温后供给，从而实现自密封。

　　停机时的轴封供汽：当汽轮机的负荷降到一定程度时，自密封被破坏，开始由备用汽源向低压轴封、中压轴封供汽；再随着负荷的降低开始向高压轴封供汽，一直到汽轮机停止下来切断轴封供汽。

　　（2）汽轮机的内部损失：直接影响蒸汽热力状态的损失。包括进汽机构的节流损失、级内损失、中间再热管道的压力损失、排汽管道的压力损失。

　　进汽机构的节流损失：是蒸汽流经高压主汽阀、高压调节汽阀时的节流损失。

　　中间再热管道的压力损失：是蒸汽流经再热冷段、热段和再热器时的损失。

　　排汽管道的压力损失：是蒸汽流经汽轮机排汽部分和排汽管道时的压力损失。

　　2. 汽轮机装置的效率及经济指标

　　（1）汽轮机装置的效率。

　　相对效率的类别：汽轮机的相对内效率、汽轮机的相对有效效率、汽轮发电机组的相对电效率。

　　汽轮机的相对内效率：蒸汽在汽轮机内的有效焓降与其理想焓降的比值。它是衡量汽轮机内能量转换完善程度的指标。汽轮机的相对内效率越高，说明其内部损失越小，即计算汽轮机相对内效率时要考虑汽轮机的内部损失。

　　汽轮机的相对有效效率：汽轮机输出能量与输入能量的比值。计算汽轮机相对有效效率时要考虑汽轮机的内部损失和机械损失。

$$\eta_{re} = \frac{\text{输出功率}}{\text{输入功率}} = \frac{P_e}{P_t} = \eta_m \eta_{ri}$$

　　汽轮发电机组的相对电效率：汽轮发电机组的输出能量与输入能量的比值。计算汽轮发电机组的相对电效率时要考虑汽轮发电机组的所有损失。

$$\eta_{rel} = \frac{P_{el}}{P_t} = \eta_g \eta_m \eta_{rl} = \eta_g \eta_{re}$$

　　绝对效率：加给每千克蒸汽的热量最终转变成电能的份额。

$$\eta_{ael} = \eta_t \eta_{ri} \eta_m \eta_g$$

　　（2）汽轮机装置的电功率。

　　无回热抽汽时的电功率

$$P_{el} = \frac{D \Delta H_t \eta_{ri} \eta_m \eta_g}{3600}$$

　　有回热抽汽时的电功率

$$P_{el} = \eta_m \eta_g \sum_{j=1}^{n} G_j \Delta H_{ij} = \frac{\eta_m \eta_g}{3600} \sum_{j=1}^{n} D_j \Delta H_{ij}$$

　　（3）汽轮机装置的经济指标。

　　汽耗率：汽轮发电机组每发 1kW·h 电所消耗的蒸汽量；单位为 kg/(kW·h)，不同类型的机组不能用汽耗率来比较其经济性。

$$d = \frac{D}{P_{el}} = \frac{3600}{\Delta H_t \eta_{rel}}$$

　　热耗率：汽轮发电机组每发 1kW·h 电所消耗的热量，单位为 kJ/(kW·h)，它可以用于所有机组经济性的比较。

$$q = d(h_0 - h_{fw}) = \frac{3600(h_0 - h_{fw})}{\Delta H_t \eta_{rel}} = \frac{3600}{\eta_{ael}}$$

　　对于中间再热机组则有

$$q = d\left[(h_0 - h_{fw}) + \frac{D_r}{D_0}(h_r - h'_r)\right]$$

3. 汽轮机的极限功率

（1）汽轮机的极限功率：指在一定的蒸汽初、终参数和转速下，单排汽口凝汽式汽轮机所能获得的最大功率。

（2）主要影响因素：在最佳速比和一定的真空下，主要因素就是排汽通流面积。

（3）提高单机功率的途径：采用高强度、低密度的材料，以增加末级叶片高度；增加汽轮机的排汽口；降低汽轮机转速。

三、多级汽轮机的轴向推力

1. 多级汽轮机的轴向推力

（1）多级汽轮机的轴向推力等于各级轴向推力之和。

$$F_z = \sum F_{z1} + \sum F_{z2} + \sum F_{z3} + \sum F_{z4}$$

（2）每一级的轴向推力包括：蒸汽作用在动叶片上的轴向推力；蒸汽作用在叶轮轮面上的轴向推力；蒸汽作用在轮毂上或转子凸肩上的轴向推力；蒸汽作用在轴封凸肩上的轴向推力。

2. 多级汽轮机轴向推力的平衡措施

（1）平衡措施有（冲动式汽轮机）：设置平衡活塞、叶轮上开平衡孔、多缸汽轮机的反向布置和低压缸的对称分流、推力轴承。

（2）反动式汽轮机的平衡措施：设置平衡活塞、多缸汽轮机的反向布置和低压缸的对称分流、推力轴承。

2.3　重点难点与学习建议

一、本章重点

（1）多级汽轮机热力过程线。能够区分单缸、双缸无再热、有再热汽轮机热力过程线的画法。

（2）余速利用对级的相对内效率和汽轮机相对内效率的影响，并能够将余速利用的条件与实际的汽轮机结构相联系。

（3）多级汽轮机的内部和外部损失及轴封系统、热经济指标。

（4）多级汽轮机轴向推力的平衡措施。

二、本章难点

（1）再热汽轮机热力过程线的画法。

（2）轴封系统的组成、工作过程。

三、本章学习建议

（1）要将蒸汽在汽轮机内的工作过程与电厂汽轮机的实际情况结合起来，这样就能够非常容易的区分汽轮机的损失和汽轮机轴向推力的平衡措施，并能够明白哪些级后的余速可以利用、哪些级后的余速不能利用。

（2）对轴封系统的学习，先要明白其组成，再考虑轴封汽源及其利用时间和流动方向，最后搞清楚自密封情况。

2.4 习题与参考答案

习 题

一、名词解释（解释下列概念）

1. 重热现象
2. 重热系数
3. 极限功率
4. 汽耗率
5. 热耗率
6. 汽轮机的内部损失
7. 汽轮机的外部损失
8. 汽轮机的相对内效率

二、填空题（将适当的词语填入空格内，使句子正确、完整）

1. 汽轮机相对内效率的表达式为 η_{ri}＝_____。

2. 余速利用可以使本级的相对内效率_____，也使得整机的相对内效率_____。

3. 多级汽轮机中实现余速利用的条件是

(1) _____；

(2) _____；

(3) _____；

(4) _____。

4. 重热系数的表达式 α＝_____。

5. 多级汽轮机的损失分两大类，即_____损失和_____损失。

6. 多级汽轮机的外部损失包括：_____损失和_____损失。

7. 采用梳齿形汽封可以减小漏汽的原理是：①_____；②_____。

8. 多级汽轮机的内部损失主要包括：_____损失、_____损失、_____损失、_____损失。

9. 汽轮发电机组电功率的表达式为_____（无回热抽汽）；_____（有回热抽汽）。

10. 汽轮发电机组的绝对电效率 η_{nel}＝_____。

11. 汽耗率是指_____，用_____来表示，单位是_____。

12. _____称为热耗率，以_____来表示，单位是_____。

13. 提高单机功率的途径有：①_____；②_____；③_____；④_____。

14. 蒸汽作用在冲动级上的轴向推力是由四部分组成：①蒸汽作用在_____上的轴向推力；②蒸汽作用在_____上的轴向推力；③蒸汽作用在_____处的轴向推力；④蒸汽作用在_____上的轴向推力。

15. 多级汽轮机轴向推力的平衡方法有：①_____；②_____；③_____；

④_____。

三、判断题 [判断下列命题是否正确，若正确在（　　）内打"　"，错误在（　　）内打"×"]

1. 多级汽轮机的有效焓降等于各级有效焓降之和。（　　）

2. 多级汽轮机的理想焓降等于各级理想焓降之和。（　　）

3. 多级汽轮机的内功率等于各级内功率之和。（　　）

4. 余速利用不仅能够提高汽轮机的相对内效率，而且也能够提高级的相对内效率。（　　）

5. 余速利用后，本级的损失减少了，有效焓降增加了，级的相对内效率提高了。（　　）

6. 多级汽轮机中，前级的余速能量都能够被下一级利用。（　　）

7. 汽轮机的级数越多，重热所回收的热量越大，汽轮机的相对内效率就越高。（　　）

8. 湿蒸汽区的重热系数大于过热区的重热系数。（　　）

9. 蒸汽在连通管中的压力损失也属于汽轮机的内部损失。（　　）

10. 由于汽轮机的高压部分工作蒸汽压力高、比体积小，通流面积小，所以其叶片短，可以采用等截面直叶片，但为了提高级的效率，现代汽轮机大多采用扭曲叶片。（　　）

11. 现代汽轮机的轴封系统广泛采用自密封系统，因此在汽轮机工作时不需要外界汽源向轴封供汽，即用高中缸的轴封漏汽供给低压缸轴封进行密封。（　　）

12. 汽轮机轴封的自密封系统在任何工况下都不需要外界汽源。（　　）

13. 多级汽轮机的级数越多，工作时所产生的轴向推力越大，推力轴承上承担的轴向力也越大。（　　）

14. 当一个汽轮机采用了合适和必要的轴向推力平衡措施后，就可以不再设置推力轴承。（　　）

四、选择题 [下列各题答案中选一个正确答案编号填入（　　）内]

1. 汽轮机的轴向位置是依靠（　　）确定的。
A. 靠背轮；　　　　　　　　B. 轴封；
C. 支持轴承；　　　　　　　D. 推力轴承。

2. 为减小排汽压力损失提高机组经济性，汽轮机的排汽室通常设计成（　　）。
A. 等截面型；　　　　　　　B. 渐缩型；
C. 缩放型；　　　　　　　　D. 渐扩型。

3. 汽轮机进汽机构的节流损失使得蒸汽入口焓（　　）。
A. 增大；　　　　　　　　　B. 减小；
C. 保持不变；　　　　　　　D. 以上变化都有可能。

4. 评价汽轮机热功转换效率的指标为（　　）。
A. 循环热效率；　　　　　　B. 汽耗率；
C. 汽轮机相对内效率；　　　D. 汽轮机绝对内效率。

5. 在多级汽轮机中重热系数越大，说明（　　）。
A. 各级的损失越大；　　　　B. 机械损失越大；
C. 轴封漏汽损失越大；　　　D. 排汽阻力损失越大。

6. 关于多级汽轮机的重热现象，下列哪些说法是不正确的？（　　）
A. 设法增大重热系数，可以提高多级汽轮机的相对内效率；

B. 重热现象是从前面各级损失中回收的一小部分热能；

C. 重热现象使得多级汽轮机的理想焓降有所增加；

D. 重热现象使机组的相对内效率大于各级的平均相对内效率。

7. 哪些指标可以用来评价不同类型汽轮发电机组的经济性？（　　）

A. 热耗率；　　　　　　　　　　　B. 汽耗率；

C. 发电机效率；　　　　　　　　　D. 机械效率。

8. 轴封的作用是（　　）。

A. 回收部分蒸汽质量；　　　　　　B. 回收部分蒸汽热量；

C. 减小轴端漏汽损失；　　　　　　D. 减小隔板漏汽损失。

9. 下面各项损失中属于汽轮机外部损失的是（　　）。

A. 排汽阻力损失；　　　　　　　　B. 机械损失；

C. 进汽节流损失；　　　　　　　　D. 隔板漏汽损失。

10. 下列哪项损失为汽轮机的内部损失？（　　）

A. 厂用电；　　　　　　　　　　　B. 轴封漏汽损失；

C. 排汽阻力损失；　　　　　　　　D. 机械损失。

五、问答题

1. 试比较冲动式和反动式汽轮机的主要区别。

2. 什么是重热现象？它对多级汽轮机的效率有何影响？

3. 什么是极限功率？提高单机功率的措施主要有哪些？

4. 画图说明余速利用能够提高汽轮机相对内效率的根本所在。

六、计算题

1. 凝汽式汽轮机的蒸汽初参数：$p_0=8.83\text{MPa}$，温度 $t_0=530℃$，汽轮机排汽压力 $p_c=0.0034\text{MPa}$，全机理想焓降 $\Delta H_t=1450\text{kJ/kg}$，其中调节级理想焓降 $\Delta h_t^{I}=209.3\text{kJ/kg}$，调节级相对内效率 $\eta_{ri}^{I}=0.5$，其余各级平均相对内效率 $\eta_{ri}^{II}=0.85$。假定发电机效率 $\eta_g=0.98$，机械效率 $\eta_m=0.99$。试求：

（1）该机组的相对内效率。

（2）该机组的汽耗率。

（3）在 $h-s$（焓—熵）图上绘出该机组的热力过程线。

2. 已知某纯凝汽式汽轮机，其电功率 $P_{el}=12\ 000\text{kW}$，新汽焓 $h_0=3304\text{kJ/kg}$，排汽焓 $h_c=2140\text{kJ/kg}$，相对内效率 $\eta_{ri}=0.78$，发电机效率 $\eta_g=0.96$，机械效率 $\eta_m=0.98$，锅炉给水焓 $h_{fw}=184\text{kJ/kg}$。求：内功率 P_i，汽耗率 d，热耗率 q，绝对电效率 η_{ael}。

参考答案

一、名词解释（解释下列概念）

1. 重热现象：在多级汽轮机中，前面级的损失可以部分地被以后各级利用，使得各级理想焓降之和大于汽轮机的理想焓降，这种现象称为重热现象。

2. 重热系数：由重热而增加的理想焓降占汽轮机理想焓降的比例。

3. 极限功率：指在一定的蒸汽初、终参数和转速下，单排汽口凝汽式汽轮机所能获得的最大功率。

4. 汽耗率：汽轮发电机组每发 1kW·h 电所消耗的蒸汽量。

5. 热耗率：汽轮发电机组每发 1kW·h 电所消耗的热量。

6. 汽轮机的内部损失：不直接影响蒸汽热力状态的损失。

7. 汽轮机的外部损失：直接影响蒸汽热力状态的损失。

8. 汽轮机的相对内效率：蒸汽在汽轮机内的有效焓降与其理想焓降的比值。

二、填空题（将适当的词语填入空格内，使句子正确、完整）

1. $\Delta H_i/\Delta H_t$

2. 提高，提高

3. （1）相邻两个级的部分进汽度相同；（2）相邻两个级的通流部分过渡平滑；（3）相邻两级之间轴向间隙小，流量变化不大；（4）前一级的排汽角 α_2 应与后一级的进汽角 α_{0g} 一致

4. $\dfrac{\sum \Delta h_t - \Delta H_t}{\Delta H_t}$

5. 外部，内部

6. 机械，外部漏汽

7. ①漏汽面积减小；②汽封齿前后压力差降低

8. 进汽机构节流，级内，中间再热管道压力，排汽管压力

9. $P_{el} = G\Delta H_t \eta_g \eta_m \eta_{ri}$, $P_{el} = \eta_m \eta_g \sum\limits_{j=1}^{n} G_j \Delta H_{ij}$

10. $\eta_t \eta_{ri} \eta_m \eta_g$

11. 汽轮发电机组每生产 1kW·h 电能所消耗的蒸汽量，d，$kg/(kW·h)$

12. 汽轮发电机组每生产 1kW·h 电能所消耗的热量，q，$kJ/(kW·h)$

13. ①采用低密度高强度的材料，增加末级叶片通流面积；②提高汽轮机的初温初压；③增加排汽口；④采用低转速

14. 动叶，叶轮轮面，轮毂上或转子凸肩，轴封凸肩

15. ①设置平衡活塞；②叶轮开平衡孔；③汽缸反流布置和低压缸的对称分流；④采用推力轴承

三、判断题〔判断下列命题是否正确，若正确在（　　）内打"　"，错误在（　　）内打"×"〕

1. √；2. ×；3. √；4. √；5. ×；6. ×；7. ×；8. ×；9. √；10. √；11. ×；12. ×；13. ×；14. ×。

四、选择题〔下列各题答案中选一个正确答案编号填入（　　）内〕

1. D；2. D；3. C；4. C；5. A；6. A；7. A；8. C；9. B；10. C。

五、问答题

1. 答：冲动式和反动式汽轮机的主要区别如下表所示：

序号	冲动式汽轮机	反动式汽轮机
1	由多个冲动级串联而成	由多个反动级串联而成
2	采用轮盘式转子	采用轮毂式转子

序号	冲动式汽轮机	反动式汽轮机
3	轴向推力较小	轴向推力较大
4	叶轮上开平衡孔减小轴向推力	主轴上设置平衡活塞减小轴向推力
5	同等容量机组级数较少	同等容量机组级数较多

2. 答：在多级汽轮机中，前面级的损失可以部分地被以后各级利用，使得各级理想焓降之和大于汽轮机的理想焓降，这种现象称为重热现象。

重热现象使得多级汽轮机的相对内效率高于各级的平均相对内效率。

3. 答：在一定的初终参数和转速下，单排汽口凝汽式汽轮机所能发出的最大功率。

提高单机功率的措施主要有：采用低密度高强度的材料，提高汽轮机的初温初压，增加汽轮机的排汽口，采用半速汽轮机。

4. 答：图略（参考教材图 2-2）。汽轮机每一级的余速能量被下一级利用后，使得级内损失减小，其热力过程线左移，导致整个汽轮机的热力过程线左移，蒸汽在汽轮机内的有效焓降增加，汽轮机相对内效率提高。

六、计算题

1. 解答：（1）因为调节级效率 $\eta_{ri}^{I} = 0.5 = \Delta h_i^{I} / \Delta h_t^{I}$

所以调节级有效焓降 $\Delta h_i^{I} = 0.5 \times \Delta h_t^{I} = 104.65$ （kJ/kg）

其余各级的有效焓降 $\Delta H_I^{II} = \eta_{ri}^{II} \times \Delta H_t^{II}$

其中 $\Delta H_t^{II} = \Delta H_t - \Delta h_t^{I} = 1450 - 209.3 = 1240.7$ （kJ/kg）

所以 $\Delta H_I^{II} = \eta_{ri}^{II} \times \Delta H_t^{II} = 0.85 \times 1240.7 = 1054.6$ （kJ/kg）

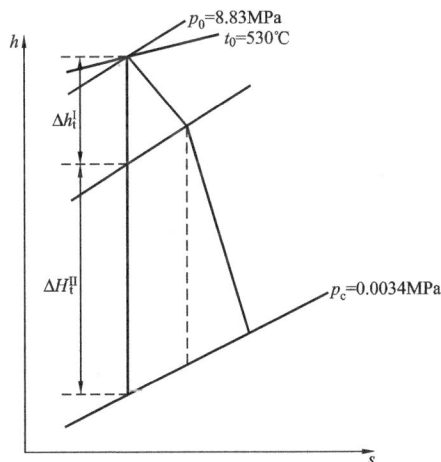

图 2-1 计算题 1 图

故整机的相对内效率

$$\eta_{ri} = (\Delta h_i^{I} + \Delta H_I^{II}) / \Delta H_t = 1159.25 / 1450 = 79.9\%$$

（2）机组的汽耗率

$$d = 3600 / (\Delta H_t \eta_{ri} \eta_g \eta_m) = 3600 / 1124.7 = 3.2 \ [kg/(kW \cdot h)]$$

（3）热力过程线如图 2-1 所示。

2. 解答：

$$P_i = \frac{p_{el}}{\eta_g \eta_m} = \frac{12\,000}{0.96 \times 0.98} = 12\,755 \text{ (kW)}$$

$$D = \frac{P_i}{\Delta h_t \eta_i} = \frac{12\,755}{(3304 - 2140) \times 0.78} = 14.05 \text{ (kg/s)}$$

$$d = \frac{D}{P_{el}} = \frac{14.05}{12\,000} \times 3600 = 4.21 \text{ [kg/(kW \cdot h)]}$$

$$q = d(h_0 - h_{fw}) = 4.21 \times (3304 - 1840) = 6163.44 \text{ [kJ/(kW \cdot h)]}$$

$$\eta_{ael} = \frac{3600}{q} = \frac{3600}{6163.44} = 0.584$$

第 3 章

汽 轮 机 的 变 工 况

3.1 学 习 目 标 与 要 求

(1) 掌握汽轮机设计工况、变工况、节流调节、喷嘴调节、滑压调节、汽轮机的工况图等概念。

(2) 掌握喷嘴、级、级组前后压力与流量之间的关系，了解其在工程中的具体应用。

(3) 熟悉变工况下级的焓降、反动度、效率、功率、轴向推力的变化规律。

(4) 掌握汽轮机节流调节、喷嘴调节及滑压调节的原理、特点及应用。

(5) 了解汽轮机调节级的变工况特性。

(6) 了解汽轮机在小容积流量工况下可能出现的问题。

(7) 熟悉凝汽式汽轮机的工况图，理解背压式、调节抽汽式汽轮机的工况图。

(8) 熟悉新蒸汽、再热蒸汽、汽轮机排汽压力和温度变化对汽轮机安全性的影响。

3.2 基 本 知 识 点

一、汽轮机变工况的基本概念

设计工况：在设计参数条件下运行的工况。

变工况（非设计工况）：在偏离设计参数条件下运行的工况。

引起汽轮机变工况的主要原因：

(1) 外界负荷变化；

(2) 锅炉、凝汽器工况变化；

(3) 汽轮机结构变化；

(4) 汽轮机转速变化。

二、通过汽轮机的蒸汽流量变化引起的变工况

（一）通过喷嘴的蒸汽流量与喷嘴前后压力的关系

1. 渐缩斜切喷嘴

对于渐缩斜切喷嘴，在临界和亚临界工况下，流量与压力比之间有着不同的关系，如图 3-1 所示。

(1) 当 $\varepsilon_n > \varepsilon_{cr}$ 时，流量与压力比的关系曲线近似椭圆弧段，通过喷嘴的流量 G 可表示为

$$G = \beta G_{cr} = 0.648 \beta A_n \sqrt{p_0^* / v_0^*} \qquad (3-1)$$

式中 β——彭台门系数。

$$\beta = \frac{G}{G_{cr}} = \sqrt{1 - \left(\frac{\varepsilon_n - \varepsilon_{cr}}{1 - \varepsilon_{cr}}\right)^2} \qquad (3-2)$$

(2) 当 $\varepsilon_n \leqslant \varepsilon_{cr}$ 时，通过喷嘴的蒸汽流量等于临界流量。

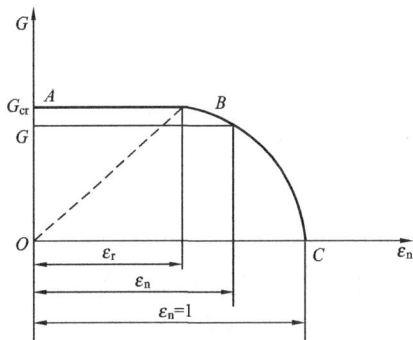

图 3-1 渐缩喷嘴流量与喷嘴
前后压力比的关系曲线

$$G = G_{cr} = 0.648 A_n \sqrt{p_0^* / v_0^*} \qquad (3-3)$$

且

$$\frac{G_1}{G} = \frac{G_{cr1}}{G_{cr}} = \frac{p_{01}^*}{p_0^*} \sqrt{\frac{T_0^*}{T_{01}^*}} \qquad (3-4)$$

若略去初温的变化，有

$$\frac{G_1}{G} = \frac{G_{cr1}}{G_{cr}} = \frac{p_{01}^*}{p_0^*} \qquad (3-5)$$

即通过喷嘴的临界流量与喷嘴前压力成正比。

（3）流量网图。

将通过喷嘴的流量与喷嘴前、后压力关系曲线绘制在坐标图中，即构成流量网图。为了应用方便和扩大适用范围，流量网图一般采用压力比和流量比的相对坐标，如图 3-2 所示。该流量网图具有通用性。

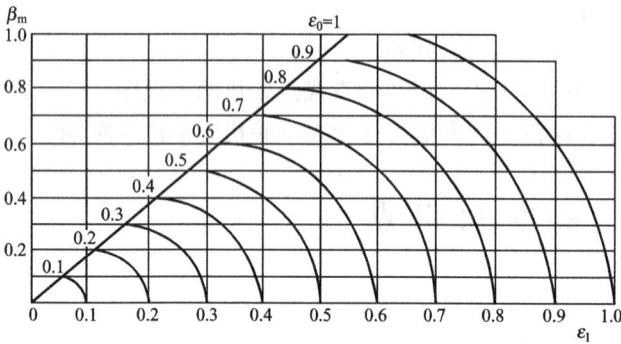

图 3-2　渐缩喷嘴流量网图

图中坐标：纵坐标 $\beta_m = G/G_{0m}$，为流量 G 与最大临界流量 G_{0m} 之比；横坐标 $\varepsilon_1 = p_1/p_{0m}^*$，为背压 p_1 与最大初压 p_{0m}^* 之比；每一条曲线 $\varepsilon_0 = p_0^*/p_{0m}^*$，表示初压 p_0^* 与最大初压 p_{0m}^* 之比为常数时的流量曲线；利用流量网图可以根据 ε_0、ε_1 和 β_m 中的任意两个求出第三个。

2. 缩放斜切喷嘴

特征背压 p_{1a}：使喷嘴喉部保持临界状态的最高背压。

以特征背压分界，缩放斜切喷嘴的流量与初压、背压的关系与渐缩斜切喷嘴类似。

（二）级前后压力与流量的关系

级中的喷嘴或动叶处于临界状态，称为级临界工况。级在临界和亚临界工况下各项参数与流量之间的变化关系分别如下。

（1）若变工况前后级均处于临界状态下工作，则通过该级的流量与级前压力成正比，而与级后压力无关。即

$$\frac{G_{cr1}}{G_{cr}} = \frac{p_{01}^*}{p_0^*} \sqrt{\frac{T_0^*}{T_{01}^*}} \qquad (3-6)$$

若忽略初温的变化，则

$$\frac{G_{cr1}}{G_{cr}} = \frac{p_{01}^*}{p_0^*} \qquad (3-7)$$

（2）若变工况前后级均在亚临界状态下工作，则通过级的流量不仅与级前参数有关，而且还与级后参数有关，它们的关系为

$$\frac{G_1}{G} = \sqrt{\frac{p_{01}^2 - p_{21}^2}{p_0^2 - p_2^2}} \sqrt{\frac{T_0}{T_{01}}} \qquad (3-8)$$

（三）级组前后压力与流量的关系

级组：流量相等、通流面积不随工况变化的若干相邻级的组合。

级组的临界压力：当级组中任一级处于临界状态时级组的最高背压 p_{zcr}。

级组的临界压力比 ε_{zcr}：级组的临界压力 p_{zcr} 与级组初压 p_0 之比。

（1）变工况前后级组均达到了临界状态时，通过级组的流量与压力的关系为

$$\frac{G_1}{G} = \frac{p_{01}}{p_0}\sqrt{\frac{T_0}{T_{01}}} = \frac{p_{21}}{p_2}\sqrt{\frac{T_2}{T_{21}}} = \cdots = \frac{p_{n1}}{p_n}\sqrt{\frac{T_n}{T_{n1}}} \tag{3-9}$$

若忽略温度的变化，则有

$$\frac{G_1}{G} = \frac{p_{01}}{p_0} = \frac{p_{21}}{p_2} = \cdots = \frac{p_{n1}}{p_n} \tag{3-10}$$

即在变工况下，如果级组中的某级处于临界状态，则通过级组的流量与该级及其前面各级的级前压力成正比。

（2）变工况前后级组内各级均未达到临界状态时，级组的流量与级组前后压力平方差的平方根成正比，用弗留格尔公式表示为

$$\frac{G_1}{G} = \sqrt{\frac{p_{01}^2 - p_{z1}^2}{p_0^2 - p_z^2}}\sqrt{\frac{T_0}{T_{01}}} \tag{3-11}$$

若忽略温度的变化，有

$$\frac{G_1}{G} = \sqrt{\frac{p_{01}^2 - p_{z1}^2}{p_0^2 - p_z^2}} \tag{3-12}$$

（3）凝汽式汽轮机的高、中压压力级，无论是否达到临界状态，各级级前压力均与流量成正比。

（四）级理想焓降的变化

1. 变工况前后级组均达到了临界状态

根据此时级组流量与压力的关系可得级前后压力比不变，而级的理想焓降为级前温度及级前后压比的函数，若忽略温度的变化，则理想焓降不变。

2. 变工况前后级组内各级均未达到临界状态

根据对这种情况下级组流量与压力的关系分析可知，当流量增大时，级前后压力比减小，级的理想焓降增加；反之，流量减小时，级的理想焓降减小。

喷嘴调节的凝汽式汽轮机，当流量变化不大时，中间级焓降基本不变，调节级和最末级焓降发生变化。当流量增加时，末级的焓降增大，调节级焓降减小；当流量减小时，末级的焓降减小，调节级焓降增大。

（五）级反动度的变化

1. 焓降变化时级反动度的变化

级的焓降变化会引起喷嘴后（动叶前）的压力变化，蒸汽在喷嘴、动叶中的理想焓降变化，从而使级的反动度发生变化。级的焓降减小时，动叶前的压力升高，动叶焓降增加，反动度增大；反之焓降增大时，反动度减小。

反动度的变化值与原设计值的大小有关，原设计反动度越小，则焓降改变时反动度的变化值越大；原设计反动度越大，则焓降改变时反动度的变化值越小。

2. 通流面积变化时级反动度的变化

动叶与喷嘴面积比减小时，动叶前汽流阻塞引起压力升高，反动度升高；面积比增加

时，动叶前的压力下降，反动度减小。

三、汽轮机的调节方式及调节级变工况

（一）节流调节

（1）定义：通过改变一个或几个同时启闭的调节阀开度从而改变汽轮机进汽量及焓降的调节方法。

（2）优点：进汽部分结构较简单、制造成本低；在工况变动时，各级前的温度变化小，减小了热变形与热应力。

（3）缺点：在部分负荷下节流损失较大，机组经济性下降。背压越高，部分负荷下的节流效率越低，因此背压式汽轮机不宜采用节流调节。

（4）应用：节流调节一般用在小机组以及承担基本负荷的大型机组上。

（5）变工况：节流调节汽轮机第一级的变工况特性与中间级相同。

（二）喷嘴调节

（1）定义：通过依次启、闭几个调节阀改变汽轮机进汽量的调节方法。

（2）优点：在部分负荷下，只有一个调节阀部分开启，机组的效率高于节流调节机组。

（3）缺点：结构较节流调节复杂。

（4）调节级的变工况。调节级：采用喷嘴调节的汽轮机的第一级。

1）调节级前后压力与流量的关系。

以具有四个调节阀和四组喷嘴的调节级为例。

调节级级后压力 p_2 即为第一压力级的级前压力，因此它与蒸汽流量成正比关系。调节阀依次开启过程中，各组喷嘴前压力及通过的流量的变化为：①第一调节阀开启过程中，第一组喷嘴前压力 p_0^{I} 与流量成正比，阀门全开时 p_0^{I} 达到最大值 p_0'；流过该组喷嘴的流量 D_{I} 等于临界流量；②第二调节阀开启的初始阶段，第二组喷嘴处于亚临界状态，喷嘴前压力 p_0^{II} 与流量 D_{II} 成双曲线关系；开启到某一开度后，第二组喷嘴转化为临界状态，p_0^{II} 与流量 D_{II} 成直线关系；第二调节汽阀开启过程中，第一组喷嘴前压力 p_0^{I} 保持 p_0' 不变，流量 D_{I} 为临界流量；③第三调节阀开启过程中，第三组喷嘴始终处于亚临界状态，喷嘴前压力 p_0^{III} 与流量 D_{III} 成曲线关系；第一、二组喷嘴前压力保持 p_0' 不变，开到某一开度后喷嘴中的工作转化为亚临界，流量开始按椭圆曲线下降；④第四调节阀开启过程中，四组喷嘴均处于亚临界状态，第四组喷嘴前压力 p_0^{IV} 与流量 D_{IV} 成曲线关系；第一、二、三组喷嘴前压力均保持 p_0' 不变，流量按椭圆曲线下降。

2）调节级焓降的变化。

蒸汽流量变化时，各喷嘴组前后压力比变化，调节级焓降随之变化。流量增加时，部分开启阀门所控制的喷嘴组焓降增大，全开阀门所控制的喷嘴组焓降减小。

第一调节阀全开而第二调节阀尚未开启时，调节级焓降达到最大值，流过第一组喷嘴的流量也最大，级的部分进汽度则最小，调节级叶片处于最大的应力状态。所以该工况是调节级的最危险工况。

3）调节级后蒸汽状态的确定。

进入汽轮机的蒸汽由通过全开阀门和部分开启阀门的蒸汽组成，两股蒸汽流量分别为 D_1、D_2，级后焓分别为 h_2'、h_2''，总的蒸汽流量为 D，两股蒸汽在调节级后的汽室中混合，混合后的焓值为 h_2。

$$h_2 = \frac{D_1 h_2' + D_2 h_2''}{D} \qquad (3-13)$$

4）调节级的效率曲线。

调节级的相对内效率为

$$\eta_{ri} = \frac{h_0 - h_2}{\Delta h_t} = \frac{D_1}{D} \frac{\Delta h_i^{I}}{\Delta h_t} + \frac{D_2}{D} \frac{\Delta h_i^{III}}{\Delta h_t} = \frac{D_1}{D} \eta_{ri}^{I} + \frac{D_2}{D} \eta_{ri}^{III} \qquad (3-14)$$

式中　　η_{ri}^{I}、η_{ri}^{III}——通过全开阀、部分开启阀的蒸汽在调节级中的相对内效率；

Δh_t、Δh_i^{I}、Δh_i^{III}——调节级的理想焓降、通过全开阀、部分开启阀的蒸汽在调节级中的有效焓降；

h_0——调节级入口蒸汽焓。

对调节级进行变工况计算，求得调节级的效率，根据计算结果可绘制出调节级效率曲线。由于阀门开启过程中，节流损失发生变化，因此调节级效率曲线具有明显的波折。

（三）滑压调节

1. 定义

汽轮机的调节阀开度不变，通过锅炉调整新汽压力来改变机组功率的调节方式。

2. 特点

与定压调节比较，滑压调节有以下特点：

（1）机组运行的可靠性和对负荷的适应性提高；

（2）机组在部分负荷下运行的经济性提高；在部分负荷下，采用滑压调节，汽轮机进汽节流损失较小，内效率提高；冷再热蒸汽温度升高，使机组的循环热效率提高；水泵耗功减小；但新蒸汽压力降低，使循环热效率降低；低负荷下，前三项之和大于最后一项，因此经济性提高；

（3）高负荷下滑压运行不经济。

高负荷下采用滑压运行，上面的前三项之和小于最后一项，因此不经济。

滑压调节有最佳负荷范围，通过综合分析确定。

3. 调节方式

（1）纯滑压调节。这种调节方式下，在整个负荷变化范围内所有调节阀全开，完全由锅炉调整其燃烧来适应负荷变化。

缺点：反应迟缓，不能适应负荷快速变化；对较小负荷变化不能作出反应。

优点：可以提高部分负荷下机组的热效率；热应力小；操作简单；运行稳定。

（2）节流滑压调节。在稳定负荷时，调节汽阀留有 5%～15% 的开度，负荷降低时进行滑压调节，负荷增加时进行定压调节。

这种调节方式克服了纯滑压调节对负荷变化不敏感的缺点，但稳定负荷下节流损失较大，降低了机组的经济性。

（3）复合滑压调节。在高负荷区域采用喷嘴调节，以保持机组的高效率；在低负荷区域进行滑压调节；在极低负荷区域进行较低水平的定压调节。

这种调节方式对负荷变化的适应性较好，可大大改善机组的经济性。

四、工况变化时轴向推力的变化

（一）蒸汽流量变化对轴向推力的影响

蒸汽流量变化时，凝汽式汽轮机中间级反动度不变，各级前后的压差与流量成正比，因此各级的轴向推力与流量成正比变化。调节级和最末级轴向推力的变化较复杂，但其轴向推力在汽轮机总轴向推力中所占比例较小。因此，凝汽式汽轮机的轴向推力与流量成正比变化，最大负荷时轴向推力达最大值。

背压式汽轮机轴向推力的最大值，可能是在某一中间负荷。

（二）几种特殊工况的变化对轴向推力的影响

（1）新蒸汽温度降低。使级理想焓降减小，反动度增加，轴向推力增加。

（2）水冲击。使蒸汽温度降低，轴向推力增加。

（3）负荷突增。使蒸汽温度降低，轴向推力增加。

（4）甩负荷。使转速升高，速比增加，反动度增加，轴向推力增加。

（5）叶片结垢。一般动叶结垢严重，反动度增加，轴向推力增加。

五、小容积流量工况

小容积流量工况：动叶根部开始出现脱流及容积流量更小的工况。

过渡工况：级的轮周功率等于零的工况。

鼓风工况（耗能工况或压气机工况）：汽轮机的级不对外做功，并消耗轴上机械功的工况。

透平工况：级能对外做有效功的工况。

大功率汽轮机的最后几级，当容积流量下降到一定值时，动叶后根部出现涡流，容积流量继续下降，这一涡流与叶根脱流高度增大，然后叶间外缘出现涡流，以后两个涡流都增大。随着容积流量的减小，级内流动变差，级效率降低。在某一小的容积流量下，级的轮周功率等于零，此后级不但不对外做功，还要消耗轴上机械功。消耗的机械功转变为热能，加热蒸汽，蒸汽再加热转子和静子。小容积流量工况下，还会出现叶片振动应力升高，末级叶根汽流倒流带入的水滴对动叶出口边背弧产生冲蚀等现象，影响汽轮机的安全性和经济性。

六、汽轮机的工况图

（一）基本概念

凝汽式汽轮机的汽耗特性：汽轮发电机组的功率与汽耗量之间的关系。

凝汽式汽轮机的工况图：表示汽轮发电机组的功率与汽耗量之间关系的曲线。

一次调节抽汽式汽轮机的工况图：一次调节抽汽式汽轮机的蒸汽流量、电功率及抽汽量之间的关系曲线。

两次调节抽汽式汽轮机工况图：电功率、一次抽汽量、二次抽汽量及新蒸汽量等之间的关系曲线图。

（二）凝汽式汽轮机的工况图

凝汽式汽轮机功率与汽耗量之间的关系为

$$D = \frac{3600}{\Delta H_t \eta'_{ri} \eta_{th}} \left(\frac{p_{el}}{\eta_g} + \Delta p_m \right) = d_1 p_{el} + D_{nl} \qquad (3-15)$$

式中　η'_{ri}、η_{th}——汽轮机通流部分的内效率、调节阀的节流效率；

Δp_{m}——汽轮发电机组的机械损失；

d_1——汽耗微增率，即每增加单位电功率所需增加的汽耗量；

D_{nl}——空载汽耗量，为汽轮机空转时用来克服摩擦阻力、鼓风损失及带动油泵等所消耗的蒸汽量。

对不同的汽轮机，D_{nl}取决于汽轮机的功率、焓降、汽轮机结构形式以及调节方式。对于同一汽轮机，在不同工况下，D_{nl}近似一常数，通常为设计流量的 5%～10%。

通过变工况计算，可绘制出汽耗量 D、汽耗率 d、相对电效率 η_{rel} 与电功率 P_{el} 之间的关系曲线，得到工况图。

1. 节流调节汽轮机的工况图

节流调节汽轮机的汽耗量 D 与电功率 P_{el} 之间的关系为不通过原点的直线。

2. 喷嘴调节汽轮机的工况图

喷嘴调节汽轮机的汽耗线近似为一折线，转折点的功率为汽轮机的经济功率，汽耗微增率有两个不同的常数值，如图 3-3 所示。

（三）背压式汽轮机的工况图

同样初参数下背压式汽轮机的焓降小于凝汽式汽轮机，所以其汽耗微增率、空载汽耗量都比凝汽式汽轮机的大。背压式汽轮机的工况图近似一根折线。

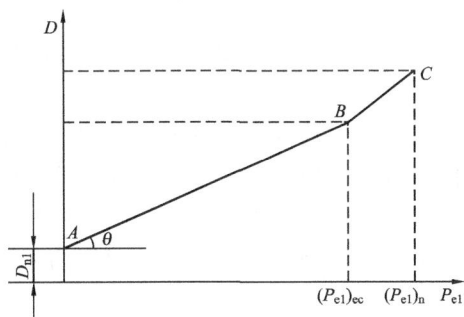

图 3-3　喷嘴调节汽轮机汽耗特性曲线

（四）一次调节抽汽式汽轮机的工况图

一次调节抽汽式汽轮机中，流量为 D_0 的新蒸汽经高压部分膨胀做功后，流量为 D_{e} 的蒸汽被抽出供给热用户；余下的流量为 D_{c} 的蒸汽在低压部分继续膨胀做功，最后排入凝汽器。

1. 一次调节抽汽式汽轮机功率与流量的关系

$$P = (P_{\mathrm{i}}^{\mathrm{I}} + P_{\mathrm{i}}^{\mathrm{II}} - \Delta P_{\mathrm{m}})\eta_{\mathrm{g}} = \left(\frac{D_0 \Delta H_{\mathrm{t}}^{\mathrm{I}} \eta_{\mathrm{ri}}^{\mathrm{I}} + D_{\mathrm{c}} \Delta H_{\mathrm{t}}^{\mathrm{II}} \eta_{\mathrm{ri}}^{\mathrm{II}}}{3600} - \Delta P_{\mathrm{m}} \right)\eta_{\mathrm{g}}$$

$$= \left(\frac{D_0 \Delta H_{\mathrm{t}} \eta_{\mathrm{ri}}}{3600} - \frac{D_{\mathrm{e}} \Delta H_{\mathrm{t}}^{\mathrm{II}} \eta_{\mathrm{ri}}^{\mathrm{II}}}{3600} - \Delta P_{\mathrm{m}} \right)\eta_{\mathrm{g}} \qquad (3-16)$$

式中　$P_{\mathrm{i}}^{\mathrm{I}}$、$P_{\mathrm{i}}^{\mathrm{II}}$——高压部分和低压部分的内功率；

$\eta_{\mathrm{ri}}^{\mathrm{I}}$、$\eta_{\mathrm{ri}}^{\mathrm{II}}$——高压部分和低压部分的内效率；

$\Delta H_{\mathrm{t}}^{\mathrm{I}}$、$\Delta H_{\mathrm{t}}^{\mathrm{II}}$——高压部分、低压部分的理想焓降；

ΔH_{t}——全机理想焓降，$\Delta H_{\mathrm{t}} = \Delta H_{\mathrm{t}}^{\mathrm{I}} + \Delta H_{\mathrm{t}}^{\mathrm{II}}$；

ΔP_{m}——汽轮发电机组的机械损失；

η_{ri}——全机内效率。

汽轮机的供热量与抽汽量、抽汽焓的关系为

$$Q = D_{\mathrm{e}}(h_{\mathrm{e}} - h_{\mathrm{e}}') \qquad (3-17)$$

式中　h_{e}、h_{e}'——抽汽焓、供热用户排出口的焓。

2. 一次调节抽汽式汽轮机的工况图

（1）凝汽工况线。该工况下没有抽汽，汽轮机为凝汽方式运行。

（2）等抽汽工况线。D_e 为常数的工况线，平行于凝汽工况线。

（3）背压工况线。此工况下汽轮机高压部分排出的蒸汽全部供给热用户，相当于背压式汽轮机。

（4）最小凝汽量（D_{cmin}）工况线。汽轮机工作时，低压部分至少应流过一最小流量 D_{cmin}，以带走叶轮、叶片高速旋转所产生的摩擦鼓风热量，避免温度过高。一般 D_{cmin} 为设计流量的 5%～10%。

最小凝汽量工况线与背压工况线平行。

（5）等凝汽量工况线。D_c 为常数的工况线，平行于背压工况线。

（五）两次调节抽汽式汽轮机

两次调节抽汽式汽轮机工作时，蒸汽在高压部分膨胀后，一部分蒸汽 D_{e1} 抽出供给热用户，另一部分蒸汽经过调节阀进入中压部分，在中压部分膨胀后，一部分蒸汽 D_{e2} 抽出作第二次抽汽，余下的蒸汽量 D_c 经低压调节阀进入低压部分膨胀做功，最后排入凝汽器。

两次调节抽汽式汽轮机工况图中变量有四个，要把它绘在一个平面上是困难的。先假想抽汽量 D_{e2} 随同 D_c 一起通过低压部分进入凝汽器，汽轮机与一次调节抽汽式汽轮机的运行方式相同，作出它的工况图，此功率为假想功率。然后将抽汽量 D_{e2} 在低压部分发出的功率曲线绘制在图的下方。假想功率中扣除抽汽量 D_{e2} 在低压部分发出的功率即为真实功率。

七、蒸汽参数变化对汽轮机工作安全性的影响

锅炉设备、凝汽设备的工况变动时，会引起汽轮机进、排汽参数变化。当蒸汽参数与设计值偏差在允许范围内时，只影响汽轮机运行的经济性；当偏差较大时，会危及汽轮机的安全运行。

（一）新蒸汽压力和再热蒸汽压力变化过大的影响（新蒸汽温度、再热蒸汽温度和排汽压力不变）

1. 新蒸汽压力、再热蒸汽压力升高

（1）主蒸汽管道和汽缸等承压部件应力增大。

（2）若调节阀开度不变，蒸汽流量将增加，使叶片受力增大，特别是末级的危险性最大；另外，轴向推力将增加。

（3）凝汽式汽轮机末几级蒸汽湿度增加，对叶片冲蚀加重。

因此，未经核算之前，初压不允许超过制造厂规定的高限。

2. 新蒸汽压力、再热蒸汽压力降低

（1）若调节阀开度不变，机组功率将下降；此时叶片受力减小，轴向推力减小，有利于安全运行。

（2）若开大调节阀保持机组功率为额定功率，则蒸汽流量超过额定值，叶片受力增加，轴向推力增加，运行安全性降低。因此蒸汽初压 p_0 降低时，功率必须相应的减小。

（二）新蒸汽温度和再热蒸汽温度变化过大的影响（初压、再热蒸汽压力、背压不变）

1. 初温、再热蒸汽温度升高

蒸汽温度升高，使相关部件的温度升高，温度过高将使部件蠕变的塑性变形过大，既影响安全，又缩短机组寿命。因此不允许蒸汽温度过高，通常对新蒸汽温度和再热蒸汽温度有严格规定。

2. 初温、再热蒸汽温度降低

（1）凝汽式汽轮机末几级蒸汽湿度增加，对叶片冲蚀加重。

（2）蒸汽温度下降过快时，应防止水冲击事故。

（3）汽温突降较大时，应紧急停机。

（三）真空降低及排汽温度升高过多的影响（初温、初压、再热蒸汽温度和压力不变）

（1）排汽缸热膨胀，对于轴承座与低压缸联成一体的机组将使轴承座抬起，转子对中性被破坏，产生强烈振动。

（2）引起凝汽器铜管胀口松脱而漏水，降低了凝结水品质。

（3）使末级容积流量减小，鼓风工况所产生的热量将使排汽温度更加升高；还可能引起末级叶片颤振。

因此，排汽压力和排汽温度不能超过规定值。

3.3　重点难点与学习建议

一、本章重点

（1）汽轮机设计工况、变工况、节流调节、喷嘴调节、滑压调节等概念。

（2）在临界状态和亚临界状态下，渐缩斜切喷嘴、级和级组前后压力与蒸汽流量之间的关系。

（3）凝汽式汽轮机调节级、中间级和末级的前后压力、焓降、反动度、效率及内功率等随蒸汽流量的变化规律。

（4）汽轮机常用配汽方式的原理、特点及应用。

（5）工况变化时，汽轮机轴向推力的变化情况。

（6）凝汽式汽轮机的工况图。

（7）汽轮机进、排汽参数变化对汽轮机工作安全性的影响，采取的解决措施。

二、本章难点

（1）喷嘴流量网图的识读，应用流量网图的计算。

（2）级、级组前后压力与蒸汽流量的关系。

（3）在不同个数阀门开启过程中，调节级各组喷嘴前后压力、通过各组喷嘴的蒸汽流量的变化情况。

（4）小容积流量下大扇度级的流动特性分析。

（5）调节抽汽式汽轮机工况图的识读及使用方法。

三、本章学习建议

本章主要介绍汽轮机蒸汽流量变化和进、排汽参数变化时的变工况特性，内容多，关系复杂，是比较难学的一章。建议大家在学习过程中理顺关系，进行归纳总结，将相近的内容和关系归纳到一起，有的以表格形式表示将更清楚。比如喷嘴、级、级组的流量与压力关系均分为临界和亚临界，就可以将它们按这两种情况进行归纳比较。

3.4 习题与参考答案

一、名词解释（解释下列概念）

1. 汽轮机的设计工况

2. 汽轮机的变工况

3. 节流调节

4. 喷嘴调节

5. 调节级

6. 滑压调节

7. 级的临界工况

8. 级组的临界压力

9. 级组的临界工况

10. 凝汽式汽轮机的工况图

二、填空题（将适当的词语填入空格内，使句子正确、完整）

1. 不考虑温度变化，变工况前后喷嘴均为亚临界工况时，通过喷嘴的蒸汽流量与喷嘴前后压力的关系式为_____；变工况前后，喷嘴均为临界工况时，流量与喷嘴前后压力的关系式为_____。

2. 主蒸汽压力和凝汽器真空不变时，主蒸汽温度升高，蒸汽在汽轮机内做功能力_____，循环热效率_____。

3. 不考虑温度变化，变工况前后级组为亚临界工况时，通过级组的蒸汽流量与级组前后压力的关系式为_____；变工况前后，级组为临界工况时，流量与级组前后压力的关系式为_____。

4. 凝汽式汽轮机中间级，流量变化时级的理想焓降_____，反动度_____。背压式汽轮机非调节级，流量增大时，级的理想焓降_____，反动度_____。

5. 汽轮机定压运行时，低负荷下，喷嘴配汽与节流配汽相比，节流损失_____，效率_____。

6. 采用喷嘴调节的多级汽轮机，其第一级进汽面积随_____变化而变化，称为_____级。

7. 节流配汽凝汽式汽轮机，全机轴向推力与流量成_____。

8. 蒸汽初压力越_____，采用变压运行经济性越明显。

9. 汽轮机负荷不变时，若真空下降，则轴向推力_____。

10. 负荷变化时，采用滑压调节与采用定压调节方式相比，调节级后各级温度变化_____，因而热应力_____。

11. 从结构上分，汽轮机的调节方式主要有_____和_____两种。

12. 从运行方式上，汽轮机的调节方式分为_____和_____。

13. 凝汽式汽轮机的汽耗特性是指_____与_____之间的关系。

14. 当主蒸汽压力和排汽压力不变时，主蒸汽温度升高，蒸汽在汽轮机内理想焓降_____。

15. 新蒸汽温度不变而压力升高时，机组末几级的蒸汽湿度_____。

16. 汽轮机变工况时，采用_____调节方式，高压缸通流部分温度变化最大。

三、判断题 ［判断下列命题是否正确，若正确在（　　　）内打"✓"，错误在（　　　）内打"✕"］

1. 汽轮机采用节流调节时，每个喷嘴组由一个调节阀控制，根据负荷的大小依次开启一个或几个调节阀。（　　　）

2. 由于轴向推力的大小随负荷、蒸汽参数等运行条件而变化，所以汽轮机必须设置推力轴承。（　　　）

3. 汽轮机调节级处的蒸汽温度与负荷无关。（　　　）

4. 汽机通流部分结垢（动叶比静叶结构严重）时轴向推力增大。（　　　）

5. 汽轮机变工况时，级的焓降如果不变，级的反动度也不变。（　　　）

6. 汽轮机调节方式有节流调节、喷嘴调节等。（　　　）

7. 蒸汽压力急剧降低会增加蒸汽带水的可能。（　　　）

8. 低负荷运行时，汽轮机采用节流调节比采用喷嘴调节效率高。（　　　）

9. 采用喷嘴调节的汽轮机，调节级最危险工况发生在第一调节阀全开、第二调节阀尚未开启时。（　　　）

10. 主蒸汽温度高，机组经济性好，因此主蒸汽温度越高越好。（　　　）

11. 凝汽式汽轮机当流量增加时，中间各级的焓降不变，末几级焓降减小，调节级焓降增加。（　　　）

12. 凝汽式汽轮机当流量变化时，不会影响汽轮机的效率，因各中间级的焓降不变。（　　　）

13. 在进行变工况分析时，通常将调节级和高压缸的各压力级作为一个级组，中低压缸各级作为另一个级组。（　　　）

14. 凝汽式汽轮机中间各级的级前压力与蒸汽流量成正比变化。（　　　）

15. 汽轮机负荷增加时，蒸汽流量增加，各级的焓降均增加。（　　　）

16. 蒸汽的初压力和终压力不变时，提高蒸汽初温能提高朗肯循环热效率。（　　　）

17. 蒸汽初压和初温不变时，提高排汽压力可提高朗肯循环热效率。（　　　）

18. 低负荷运行时，定压运行的单元机组比滑压运行的经济性好。（　　　）

19. 采用滑压运行时，经济性一定比定压运行高。（　　　）

20. 主蒸汽压力、温度随负荷变化而变化的运行方式称滑压运行。（　　　）

四、选择题 ［下列各题答案中选一个正确答案编号填入（　　　）内］

1. 采用喷嘴调节的汽轮机在额定工况下运行，在新蒸汽压力不变的情况下，蒸汽流量再增加时调节级的焓降（　　　）。

A. 增加；　　　　　　　　　　B. 减少；

C. 不变；　　　　　　　　　　D. 不确定。

2. 同样蒸汽参数条件下，顺序阀切换为单阀，则调节级后金属温度（　　　）。

A. 升高；　　　　　　　　　　B. 降低；

C. 不变；　　　　　　　　　　　　　D. 不确定。

3. 喷嘴调节的优点是（　　　）。

A. 低负荷时节流损失小，效率高；

B. 负荷变化时，高压部分蒸汽温度变化小，所在区域热应力小；

C. 结构简单；

D. 对负荷变动的适应性好。

4. 喷嘴调节凝汽式汽轮机调节级危险工况发生在（　　　）。

A. 开始冲转时；　　　　　　　　　B. 第一调节阀全开而第二调节阀未开启时；

C. 最大负荷时；　　　　　　　　　D. 设计工况下。

5. 凝汽式汽轮机正常运行中当主蒸汽流量增加时，它的轴向推力（　　　）。

A. 不变；　　　　　　　　　　　　B. 增加；

C. 减小；　　　　　　　　　　　　D. 先减小后增加。

6. 其他条件不变时，降低初温，汽轮机的相对内效率（　　　）。

A. 提高；　　　　　　　　　　　　B. 降低；

C. 不变；　　　　　　　　　　　　D. 先提高后降低。

7. 机组负荷不变时，凝汽器真空降低，汽轮机轴向推力（　　　）。

A. 增加；　　　　　　　　　　　　B. 减小；

C. 不变；　　　　　　　　　　　　D. 不确定。

8. 新蒸汽压力不变情况下，蒸汽流量增加，调节级的焓降（　　　）。

A. 减小；　　　　　　　　　　　　B. 增加；

C. 不变；　　　　　　　　　　　　D. 不确定。

9. 采用喷嘴调节的汽轮机，在各调节汽阀依次开启的过程中，对通过喷嘴的蒸汽的焓降论述正确的是（　　　）。

A. 各调阀全开完时，通过第一个阀门所控制的喷嘴的蒸汽的焓降增至最大；

B. 开后一调节阀时，前面已全开的调节阀所控制的喷嘴的蒸汽的焓降增加；

C. 通过部分开启的阀门所控制的喷嘴的蒸汽的焓降随着阀门的开大而增加，通过已全开的调门所控制的喷嘴的蒸汽的焓降随后一阀门的开大而减小；

D. 开后一调节阀时，前面已全开的调节阀所控制的喷嘴的蒸汽的焓降不变。

10. 对于节流调节与喷嘴调节，下列叙述正确的是（　　　）。

A. 节流调节的节流损失小，喷嘴调节调节级汽室温度变化小；

B. 节流调节的节流损失大，喷嘴调节调节调节汽室温度变化大；

C. 部分负荷时，节流调节的节流损失大于喷嘴调节；变工况时，喷嘴调节的调节汽室温度变化幅度大于节流调节；

D. 部分负荷时，节流调节的节流损失小于喷嘴调节；变工况时，喷嘴调节的调节汽室温度变化幅度大于节流调节。

11. 对于凝汽式汽轮机的压力级，下列叙述正确的是（　　　）。

A. 流量增加时焓降减小；

B. 流量增加反动度减小；

C. 流量增加时，中间各压力级的级前压力成正比地增加，焓降、速比、反动度均近似不变；

D. 流量增加反动度增加。

12. 汽轮机的末级，当流量增加时其焓降（   ）。

A. 减小；   B. 不变；

C. 增加；   D. 不确定。

13. 单缸汽轮机动叶比静叶结垢严重时，轴向推力（   ）。

A. 减小；   B. 不变；

C. 增加；   D. 不确定。

14. 凝汽式汽轮机正常运行时，当主蒸汽流量增加时，轴向推力（   ）。

A. 增加；   B. 减小；

C. 不变；   D. 不确定。

15. 凝汽器真空升高，汽轮机排汽压力（   ）。

A. 升高；   B. 降低；

C. 不变；   D. 不能判断。

五、问答题

1. 叙述通过渐缩斜切喷嘴的蒸汽流量与喷嘴初压和背压的变化关系。

2. 何谓级组？试分析级组前后压力与流量的关系。

3. 写出弗留格尔公式，并说明其应用条件。

4. 喷嘴调节的凝汽式汽轮机，其流量由设计值减小，排汽压力近似不变，变工况前后均为亚临界状态，请填写下表（填增加、降低、基本不变）。

		级前压力	级后压力	级前后压力比	理想焓降	反动度	级效率
调节级	全开阀						
	关小阀						
中间级							
末　级							

5. 节流调节方式有什么特点，为什么背压式汽轮机不宜采用节流调节？

6. 喷嘴调节方式有什么特点？

7. 何种工况为调节级的最危险工况，为什么？

8. 叙述凝汽式汽轮机的轴向推力随蒸汽流量的变化规律。

9. 为什么汽轮机低负荷下采用滑压调节方式能够取得经济效益？

10. 主蒸汽压力和排汽压力不变时，主蒸汽温度变化对汽轮机安全运行有哪些影响？

11. 主蒸汽温度和排汽压力不变时，主蒸汽压力升高对汽轮机工作有何影响？

12. 主蒸汽温度和压力不变时，排汽压力变化对汽轮机运行有何影响？

13. 说明凝汽式汽轮机工况图上空载汽耗量、汽耗微增率的意义。

14. 简述一次调节抽汽式汽轮机的特点。

15. 试分析一次调节抽汽式汽轮机工况图上的各工况线的特点。

六、计算题

1. 设计工况下，渐缩喷嘴前过热蒸汽的压力 $p_0 = 5.39\text{MPa}$，喷嘴后蒸汽压力 $p_1 =$

3.63MPa。问当喷嘴前蒸汽参数保持不变，欲使通过喷嘴的流量减小一半时，喷嘴后的蒸汽压力应是多少？

2. 渐缩喷嘴在设计工况下，喷嘴前的蒸汽压力 $p_0 = 2.16$MPa，温度 $t_0 = 350℃$，喷嘴后的压力 $p_1 = 0.589$MPa，流量为 3kg/s。

（1）若蒸汽量保持为临界值，则最大背压 p_{1max} 可以为多少？

（2）若要流量减少为原设计的 1/3，则在初压，初温不变时，背压 p_{11} 应增高至何数值？

（3）若背压维持为 0.589MPa 不变，则初压 p_{01} 应降低到何数值（初温假定不变）才能使流量变为原设计值的 4/7？

3. 渐缩喷嘴设计流量 $G_0 = 10$kg/s，喷嘴前压力 $p_0 = 0.98$MPa，背压 $p_1 = 0.62$MPa。变工况后背压维持不变，流量增加到 $G_1 = 14$kg/s。试求变工况后喷嘴前压力 p_{01}。

4. 已知渐缩喷嘴前的蒸汽压力 $p_0 = 12.8$MPa，喷嘴后蒸汽压力 $p_1 = 9.81$MPa，且保持不变，当忽略蒸汽初温的变化，问喷嘴前蒸汽必须节流到什么压力 p_{01}，才能使通过喷嘴的蒸汽流量较小至 1/3？

5. 变工况前，渐缩喷嘴前的蒸汽压力 $p_0^* = 8.03$MPa，温度 $t_0 = 500℃$，喷嘴后的压力 $p_1 = 4.91$MPa，工况变化后喷嘴前压力节流至 $p_{01}^* = 7.06$MPa，喷嘴后压力变为 $p_{11} = 4.415$MPa，试确定该喷嘴工况变化前后的流量比值（忽略初温的影响）。

参考答案

一、名词解释（解释下列概念）

1. 汽轮机的设计工况：汽轮机在设计参数条件下运行的工况。

2. 汽轮机的变工况：汽轮机在偏离设计参数的条件下运行的工况。

3. 节流调节：通过改变一个或几个同时启闭的调节阀开度从而改变汽轮机进汽量及焓降的调节方法。

4. 喷嘴调节：蒸汽通过依次几个启、闭调节阀进入汽轮机的调节方法。

5. 调节级：通流面积随负荷的改变而改变的级。

6. 滑压调节：汽轮机的调节汽阀开度不变，通过调整新汽压力来改变机组功率的调节方式。

7. 级的临界工况：蒸汽在级内的喷嘴叶栅或动叶栅中的流速达到或超过临界速度的工况。

8. 级组的临界压力：当级组中任一级处于临界状态时级组的最高背压。

9. 级组的临界工况：级组内至少有一列叶栅的出口流速达到或超过临界速度的工况。

10. 凝汽式汽轮机的工况图：汽轮机发电机组的功率与汽耗量间的关系曲线。

二、填空题（将适当的词语填入空格内，使句子正确、完整）

1. $G = \beta G_{cr} = 0.648\beta A_n \sqrt{p_0^* / v_0^*} = 0.648\beta \sqrt{1 - \left(\dfrac{\varepsilon_n - \varepsilon_{cr}}{1 - \varepsilon_{cr}}\right)^2} A_n \sqrt{p_0^* / v_0^*}$，$\dfrac{G_1}{G} = \dfrac{G_{cr1}}{G_{cr}} = \dfrac{p_{01}^*}{p_0^*}$

2. 增强，增加

3. $\dfrac{G_1}{G} = \sqrt{\dfrac{p_{01}^2 - p_{z1}^2}{p_0^2 - p_z^2}} \sqrt{\dfrac{T_0}{T_{01}}}$，$\dfrac{G_1}{G} = \dfrac{p_{01}}{p_0} = \dfrac{p_{21}}{p_2} = \cdots = \dfrac{p_{n1}}{p_n}$

4. 不变，不变，增大，降低

5. 少，高

6. 负荷，调节

7. 正比

8. 高

9. 增加

10. 小，小

11. 节流调节，喷嘴调节

12. 定压调节，滑压调节

13. 汽轮发电机组汽耗量，机组功率

14. 增加

15. 增加

16. 定压运行喷嘴调节

三、判断题〔判断下列命题是否正确，若正确在（　　）内打"　"，错误在（　　）内打"×"〕

1. ×；2. √；3. ×；4. √；5. √；6. √；7. √；8. ×；9. √；10. ×；11. ×；12. ×；13. ×；14. √；15. ×；16. √；17. ×；18. ×；19. ×；20. ×。

四、选择题〔下列各题答案中选一个正确答案编号填入（　　）内〕

1. B；2. A；3. A；4. B；5. B；6. B；7. A；8. A；9. C；10. C；11. C；12. C；13. C；14. A；15. B。

五、问答题

1. 答：略。

2. 答：级组是一些流量相等工况变化时通流面积不变的若干个相邻级的组合。

在变工况下，如果级组的最后一级始终处于临界状态，则通过该级组的流量与级组中所有各级的级前压力成正比。若温度变化不能略去，则有

$$\frac{G_1}{G} = \frac{p_{01}}{p_0}\sqrt{\frac{T_0}{T_{01}}} = \frac{p_{21}}{p_2}\sqrt{\frac{T_2}{T_{21}}} = \cdots = \frac{p_{n1}}{p_n}\sqrt{\frac{T_n}{T_{n1}}}$$

当工况变化前后级组均未达到临界状态时，级组的流量与级组前后压力平方差的平方根成正比，即 $\frac{G_1}{G} = \sqrt{\frac{p_{01}^2 - p_{z1}^2}{p_0^2 - p_z^2}}$。当工况变化前后级组前的温度变化较大时，$\frac{G_1}{G} = \sqrt{\frac{p_{01}^2 - p_{z1}^2}{p_0^2 - p_z^2}}\sqrt{\frac{T_0}{T_{01}}}$。

3. 答：$\frac{G_1}{G} = \frac{p_{01}}{p_0}\sqrt{\frac{1 - (p_{z1}/p_{01})^2}{1 - (p_z/p_0)^2}} = \sqrt{\frac{p_{01}^2 - p_{z1}^2}{p_0^2 - p_z^2}}$

（1）在同一工况下，通过级组中各级的流量应相同。对于回热抽汽式汽轮机，只要回热系统运行正常，则各段回热抽汽量一般与新汽流量成正比，故仍可以把所有各级（调节级除外）视为一个级组。

（2）在不同工况下，级组中各级的通流面积应保持不变。

（3）严格地讲，弗留格尔公式只适用于具有无穷多级数的级组，但实际计算表明，当级组中的级数不少于 3~4 级时，计算结果的精确度还是足够高的。

（4）工况变化前后级组均未达到临界状态。

4. 答：

		级前压力	级后压力	级前后压力比	理想焓降	反动度	级效率
调节级	全开阀	不变	降低	降低	增加	降低	降低
	关小阀	降低	降低	增加	降低	增加	降低
中间级		降低	降低	不变	基本不变	不变	不变
末级		降低	基本不变	增加	降低	增加	降低

5. 答：进入汽轮机的所有蒸汽都经过一个或几个同时启闭的调节汽阀，再流向汽轮机的第一级喷嘴；第一级为全周进汽，进汽部分的温度均匀；负荷变化时，各级温度变化较小，热应力和热变形较小；部分负荷下，节流损失较大，机组经济性下降。

6. 答：喷嘴调节是依靠几个调节汽门控制相应的调节级喷嘴组来调节汽轮机的进汽量，调节级喷嘴不是整圈连续布置，为部分进汽，即使各调节阀全开，仍存在部分进汽损失；部分负荷时，只有部分开启的调节汽门中蒸汽节流较大，而其余全开汽门中的蒸汽节流已减小到最小，故定压运行时的喷嘴调节与节流调节相比，节流损失较小，效率较高；负荷变化时，调节级后蒸汽温度变化较大，会引起较大的热应力和热变形。

7. 答：调节级最危险工况为第一调节汽门全开而其他调节汽门尚未开启的工况。该工况下，调节级焓降达到最大值，流过第一组喷嘴的流量也最大，而级的部分进汽度则最小，这段流量集中在第一喷嘴后的少数动叶上，使每片动叶分摊的蒸汽流量最大；动叶的蒸汽作用力正比于流量和焓降之积，因此此时调节级受力最大，是最危险工况。

8. 答：对于凝汽式汽轮机，流量变化时，各中间级焓降基本不变，因而反动度不变，各级前后压差与流量成正比，即各中间级轴向推力与流量成正比；末级级前后压差不与流量成正比，级内反动度也是变化的，轴向推力的变化规律与中间级不同；调节级的轴向推力随反动度、部分进汽度和级前后压力差等变化，其轴向推力的变化较复杂。由于调节级和末级轴向推力在总推力中所占比例较小，因此可以认为凝汽式汽轮机总轴向推力与流量成正比，且最大负荷时轴向推力最大。

9. 答：（1）主蒸汽压力下降时温度保持一定，虽然蒸汽的过热焓随压力的降低而降低，但由于饱和蒸汽焓上升较多，总焓明显升高；

（2）汽压降低汽温不变时，汽轮机各级容积流量、流速近似不变，能在低负荷时保持汽轮机内效率不下降；在部分负荷下，汽轮机进汽节流损失较小，内效率比定压调节提高；

（3）高压排汽温度升高，保证了再热蒸汽温度，有助于改善热循环效率；

（4）给水压力相应降低，在采用变速给水泵时可显著地减少给水泵的用电；给水泵降速运行，对减轻水流对设备侵蚀，延长给水泵使用寿命有利。

10. 答：（1）p_0 与 p_r 不变，t_0 与 t_r 升高将使锅炉过热器和再热器管壁、新汽和再热蒸汽管道、高中压主汽门和调节汽门、导管及高中压缸部件的温度都升高。温度越高，钢材蠕变速度越快，蠕变极限越小。因此，汽温过高将使钢材蠕变的塑性变形过大，从而发生螺栓变长、法兰内开口、预紧力变小等问题，既影响安全，又缩短机组寿命，故不允许蒸汽温度过高。

（2）新汽温度 t_0 和再热汽温 t_r 降低时，影响安全的关键是汽温下降速度。新汽温度下降过快，往往是锅炉满水等事故引起的，应防止汽轮机水冲击。汽温迅速降低将使汽轮机中膨胀做功的蒸汽湿度大增，蒸汽中夹带的水滴流速很慢，水珠轴向打击动叶进口边叶背，使轴向推力增大，从而使推力瓦块温度升高，轴向位移增大，甚至威胁机组安全。对凝汽式机组，迅速降低负荷是降低轴向推力的有效措施。有的制造厂规定汽温突降 50℃ 时，应紧急停机。

11. 答：主汽压力升高，汽轮机整机的理想焓降增大，循环热效率提高。但当主汽压力升高过多时，会威胁汽轮机的安全，主要有几点危害：

(1) 蒸汽温度不变，压力过高时，末几级蒸汽湿度增大，使叶片水蚀严重；

(2) 将使主蒸汽管道、主汽门、调节汽门、导管及汽缸等承压部件内部应力增大，缩短汽轮机的寿命；

(3) 若调节阀开度不变，蒸汽流量将增加，使叶片受力增大；流量增大时末级叶片的焓降增大的更多，因此末级的危险性最大；另外，流量增大还将使轴向推力将增加。

12. 答：排汽压力降低，蒸汽中的热能转变为机械能增多，被循环水带走的热量减少，经济性提高；末几级湿度越大，对叶片的冲蚀加重；轴向推力增加；循环水泵消耗的能量增加。

排汽压力升高，循环热效率降低；使排汽温度升高，排汽缸热膨胀，对于轴承座与低压缸联成一体的机组将使轴承座抬起，转子对中性被破坏，产生强烈振动；如果要保持额定负荷，蒸汽流量将增加，使叶片过负荷，轴向推力增加；引起凝汽器铜管胀口松脱而漏水，降低了凝结水品质；使末级容积流量减小，鼓风工况所产生的热量将使排汽温度更加升高。

13. 答：空载汽耗量是指汽轮机空转时用来克服摩擦阻力，鼓风损失及带动油泵等所消耗的蒸汽量。

汽耗微增率是指每增加单位电功率所需增加的汽耗量。

14. 答：(1) 低压部分的设计流量与最大流量。当调节抽汽流量 $D_e = 0$ 时，高、低压部分流量相等，调节抽汽式汽轮机应能发出额定功率，这时低压部分达最大流量 D_{cmax}。低压部分设计流量 D_{cs} 通常按 D_{cmax} 的 65%～80% 来设计。

(2) 抽汽压力不可调节工况。低压部分为设计流量 D_{cs} 时，低压调节阀即旋转隔板已全开，此时如欲再增加低压部分的流量，只有靠升高调节抽汽室中的压力，亦即升高低压部分第一级喷嘴前的压力来达到，此时调节抽汽室中的压力就不能再调节了，这种工况称抽汽压力不可调节工况。

(3) 低压部分最小流量。低压部分至少应流过一最小流量 D_{cmin}，以带走叶轮、叶片高速旋转所产生的摩擦鼓风热量，避免温度过高，危及安全。一般 D_{cmin} 为设计值的 5%～10%。

(4) 最大功率。低压部分流过 D_{cmax} 流量时，即使 $D_e = 0$，也可发额定功率。当低压部分流量为 D_{cmax} 且 D_e 很大时，高压部分 $D_0 = D_e + D_{cmax}$ 很大，全机功率将比额定值大的多，故主轴强度和发电机最大功率按额定功率 1.2 倍来设计，这就是机组允许的最大功率。

15. 答：(1) 凝汽工况线，此工况即没有抽汽，$D_e = 0$，$D_0 = D_c$，汽轮机做凝汽方式运行。

(2) 等抽汽工况线，即 $D_e =$ 常数的工况线。凝汽工况线是等抽汽工况线的特例，D_e 越大，同一功率 P 下对应的 D_0 越大。

(3) 背压工况线。若从汽轮机高压部分排出的蒸汽全部供给热用户，此时进入低压部分的蒸汽量为零,即 $D_0=D_e$,$D_c=0$,相当于背压式汽轮机。

(4)最小凝汽量(D_{cmin})工况线。背压工况下 $D_c=0$,低压部分摩擦鼓风热量无法带走,这是不允许的。低压部分至少应流过 D_{cmin},D_{cmin} 是进入凝汽器的最小允许值,D_{cmin} 使低压部分多发一部分电能,故同一 D_0 下 P 变大。

(5)等凝汽量工况线,即 $D_c=$ 常数的工况线。由于 D_c 在低压部分做功,故 D_0 相同时 P 增大。实际上背压工况线 cd 是等凝汽工况线中 $D_c=0$ 的特例。

六、计算题

1. 解答:

$$\beta=\frac{G}{G_{cr}}=\sqrt{1-\left(\frac{\varepsilon_n-\varepsilon_{cr}}{1-\varepsilon_{cr}}\right)^2}$$

原设计工况 $\varepsilon_n=p_1/p_0=3.63/5.39=0.673$,则 $\beta=G/G_{cr}=0.96$

变工况后,因喷嘴前参数不变,则 G_{cr} 不变。

$$\beta_1=G_1/G_{cr}=0.5G/G_{cr}=0.5\times0.96=0.48$$

故 $\varepsilon_{n1}=p_{11}/p_0=0.944$,$p_{11}=5.09MPa$。

2. 解答:(1)$p_{1max}=p_{cr}=\varepsilon_{cr}\times p_0=0.546\times2.16=1.18$(MPa)。

(2)因 $\varepsilon_n=p_1/p_0=0.589/2.16=0.273<\varepsilon_{cr}=0.546$,故 $G=G_{cr}=3kg/s$。

变工况后,因喷嘴前参数不变,则 G_{cr} 不变。

$$\beta_1=\frac{G_1}{G_{cr}}=\frac{1/3G}{G_{cr}}=\sqrt{1-\left(\frac{\varepsilon_{n1}-\varepsilon_{cr}}{1-\varepsilon_{cr}}\right)^2}$$

则 $\varepsilon_{n1}=p_{11}/p_0=0.974$,$p_{11}=2.104MPa$

(3)由(2)可知,原工况为临界工况。变工况后仍为临界工况,则有 $\dfrac{G_1}{G}=\dfrac{p_{01}}{p_0}=\dfrac{4}{7}$;故 $p_{01}=\dfrac{4}{7}p_0=\dfrac{4}{7}\times2.16=1.23$(MPa)。

3. 解答:原设计工况

$\varepsilon_n=p_1/p_0=0.62/0.98=0.633$,$\beta=\dfrac{G}{G_{cr}}=\sqrt{1-\left(\dfrac{\varepsilon_n-\varepsilon_{cr}}{1-\varepsilon_{cr}}\right)^2}=0.982$,$G_{cr}=G/\beta=10/0.982=10.18$(kg/s);

变工况后,$G_1>G_{cr}$,说明新工况为初压更高情况下出现的临界工况,则有 $p_{01}=\dfrac{G_1}{G_{cr}}p_0=\dfrac{14}{10.18}\times0.98=1.35$(MPa)。

4. 解答:原设计工况

$\varepsilon_n=p_1/p_0=9.81/12.8=0.766$,$\beta=\dfrac{G}{G_{cr}}=\sqrt{1-\left(\dfrac{\varepsilon_n-\varepsilon_{cr}}{1-\varepsilon_{cr}}\right)^2}=0.874$

变工况后 $p_{11}=p_1$。因喷嘴前蒸汽参数不变,则其临界流量不变。则有

$$\beta_1=\frac{G_1}{G_{cr1}}=\frac{1/3G}{G_{cr}}=0.874/3=0.291$$

又 $\beta_1=\sqrt{1-\left(\dfrac{\varepsilon_{n1}-\varepsilon_{cr}}{1-\varepsilon_{cr}}\right)^2}$,故有 $\varepsilon_{n1}=p_{11}/p_{01}=0.981$,$p_{01}=10MPa$。

5. 解答：原设计工况

$$\varepsilon_n = p_1/p_0 = 4.91/8.03 = 0.611, \beta = \frac{G}{G_{cr}} = \sqrt{1-\left(\frac{\varepsilon_n-\varepsilon_{cr}}{1-\varepsilon_{cr}}\right)^2} = 0.989$$

变工况后

$$\varepsilon_{n1} = p_{11}/p_{01} = 4.415/7.06 = 0.625$$

$$\beta_1 = \frac{G_1}{G_{cr1}} = \sqrt{1-\left(\frac{\varepsilon_{n1}-\varepsilon_{cr}}{1-\varepsilon_{cr}}\right)^2} = 0.985$$

$$\frac{G_1}{G} = \frac{\beta_1}{\beta} \frac{p_{01}^*}{p_0^*} = \frac{0.985}{0.989} \times \frac{7.06}{8.03} = 0.876$$

第 4 章

汽轮机结构及零件强度

4.1 学习目标与要求

（1）掌握汽轮机本体的组成及主要部件的作用。

（2）熟悉汽轮机本体主要零部件的形式及结构特点。

（3）掌握叶片振动的一般概念，熟悉影响叶片自振频率的因素、叶片振动的安全准则及常用的叶片调频方法。

（4）熟悉汽轮机滑销系统的作用和组成。

（5）熟悉滑动轴承的工作原理。

（6）掌握轴承油膜振荡现象、防止和消除的方法。

（7）掌握转子临界转速的概念，熟悉影响临界转速因素及安全校核。

（8）熟悉机组振动的评价标准及原因。

4.2 基本知识点

一、汽轮机本体组成

汽轮机本体主要组成部分为：

（1）转动部分（转子），主要有动叶片、主轴和叶轮（转鼓）、联轴器及盘车装置等部件；

（2）静止部分（静子），主要有汽缸、喷嘴组、隔板（静叶环）、轴承和汽封等部件。

二、汽轮机本体主要部件的作用

1. 动叶片

汽轮机中完成蒸汽热能到转子机械能转换的主要部件。

2. 转子

汇集各级动叶栅所得到的机械能并传递给发电机。

3. 联轴器

（1）连接各转子。

（2）传递转子上的扭矩。

4. 汽缸

（1）形成蒸汽能量转换的封闭汽室。

（2）对隔板、隔板套、汽封等部件及进汽、排汽及抽汽管道等支承定位。

5. 隔板

（1）固定静叶片。

（2）将汽缸内分隔成若干个汽室。

6. 汽封

减小漏汽损失，具体可分为：①高压轴封，防止蒸汽漏出汽缸；②低压轴封，防止空气漏入汽缸；③隔板汽封，阻止蒸汽经隔板内圆绕过喷嘴流到隔板后；④通流部分汽封，阻止动叶顶及叶根处的漏汽。

7. 盘车装置

(1) 在汽轮机冲转前和停机后使转子转动，避免转子受热和冷却不均而产生热弯曲。

(2) 启动前盘动转子，用来检查汽轮机是否具备正常启动条件。

8. 轴承

(1) 支持轴承：承担转子的重量及转子不平衡质量产生的离心力；确定转子的径向位置。

(2) 推力轴承：承受转子上未平衡的轴向推力；确定转子的轴向位置。

三、主要部件的结构

(一) 动叶片

动叶片由叶型、叶根、叶顶三部分组成。

1. 叶型部分

(1) 作用：它是叶片的工作部分，相邻叶片的叶型部分构成汽流通道，蒸汽流过时将动能转换成机械能。

(2) 叶片的分类。按叶型沿叶高的变化规律，叶片分为：

1) 等截面直叶片：截面积和叶型沿叶高相同的叶片；

2) 扭曲叶片：截面积和叶型沿叶高按一定规律变化，叶片发生扭转。

2. 叶根部分

(1) 作用：将动叶片固定在叶轮或转鼓上。

(2) 形式：T 型、叉型和枞树型等。

T 型叶根结构简单，加工、装配方便，被普遍使用在短叶片上。T 型叶根的装配采用周向埋入法，装配较简单，但在更换叶片时拆装工作量较大。

叉型叶根加工简单，强度高，更换叶片方便。装配时工作量大，需要较大的轴向空间。较多用于大功率汽轮机的调节级和长叶片级。

枞树型叶根承载能力大，强度适应性好，拆装方便，加工复杂，精度要求高。主要用于载荷较大的叶片。

3. 叶顶部分

(1) 围带

作用：增加叶片刚性，提高叶片的振动安全性；减小汽流产生的弯应力；减小叶片顶部的漏汽损失。

形式：整体围带、铆接或焊接围带、弹性拱形围带。

(2) 拉金

作用：增加叶片刚性，改善其振动性能。

不利影响：拉筋处于汽流通道之中，增加了蒸汽流动损失；拉金孔削弱叶片的强度。

(二) 转子

根据形状，汽轮机转子可分为轮式转子和鼓式转子。轮式转子按照制造工艺分为整锻式、套装式、组合式和焊接式四种形式。

1. 套装转子

这种转子叶轮与主轴分别加工制造，然后将叶轮热套在轴上。

(1) 优点：加工方便，材料利用合理，质量容易保证。

(2) 问题：高温下工作时，叶轮可能发生松动。

(3) 应用：一般用于汽轮机的中低压部分。

2. 整锻转子

这种转子由整体锻件加工而成，它的叶轮、联轴器等与主轴为一整体。

(1) 优点：结构紧凑，强度和刚度较高，没有叶轮松动问题，能适应高温工作环境。

(2) 问题：对生产设备要求较高，贵重材料消耗大。

(3) 应用：大容量汽轮机高、中压转子。

3. 组合转子

组合转子由整锻结构和套装结构组合而成，兼有前面两种转子的优点。多用于国产高参数大容量汽轮的中压转子。

4. 焊接转子

焊接转子由若干个实心轮盘和两个端轴焊接而成。

(1) 优点：强度高、刚度大、相对重量轻、结构紧凑。

(2) 问题：对焊接工艺要求高，并要求材料有很好的焊接性能。

(三) 联轴器

汽轮发电机组使用的联轴器主要有刚性联轴器和半挠性联轴器。

1. 刚性联轴器

由两根轴端部的对轮组成，用螺栓将两个对轮紧紧地连接在一起。优点是结构简单，尺寸小；连接刚性强，传递转矩大；减少了轴承个数。缺点是传递振动和轴向位移，对转子找中心要求很高。广泛应用于大功率机组中。

2. 半挠性联轴器

两对轮之间用一个波形套筒连接，可吸收部分振动，允许两转子中心有少许偏差和两轴间有少许轴向位移。主要用于低压转子和发电机转子之间的连接。

(四) 汽缸

汽缸一般沿水平对分为上半缸和下半缸，上、下缸之间通常通过法兰螺栓连接。单缸汽轮机汽缸沿轴向分为高、中、低压等几段，大功率汽轮机都采用多缸，分别为高、中和低压缸。各汽缸的工作环境不同，因此结构上有不同的特点。

1. 高、中压缸

高、中压缸工作于高温、高压条件下，其结构的重要问题是在保证强度的条件下，减小热应力和热变形。

(1) 双层结构。通常新蒸汽参数不超过 8.82MPa、535℃的汽轮机汽缸采用单层结构。而超高参数及以上汽轮机，高压缸（甚至中压缸）多采用双层结构，这是因为若采用单层缸，汽缸壁及法兰都很厚，在汽轮机启动、停机及工况变化时，汽缸与法兰、法兰与螺栓之间将因温差过大而产生很大的热应力，甚至使汽缸变形、螺栓拉断。采用双层缸，并在内、外缸的夹层中通以一定压力和温度的蒸汽，可以使汽缸壁和法兰的厚度减薄，减小了启、停及工况变化时的热应力；另外外缸温度较低，可采用较低等级的材料，节约了优质耐热合金钢。

双层缸缺点是增加了安装、检修工作量。

（2）高中压合缸。某些大功率机组采用了高中压部分合缸、压力级反向布置、新蒸汽和再热蒸汽从汽缸中部进入的方式，其优点是：①汽轮机漏汽量较小，轴承受高温影响也较小；②汽缸温度分布较均匀，热应力减小；③减少了轴承个数，缩短机组的长度。

缺点是：①汽缸和转子过大过重；②转子两端间轴承跨距较大；③进、抽汽管道布置过于拥挤。

2. 低压缸

汽轮机低压缸包括低压通流部分和排汽室，是汽轮机最庞大的部件，其结构的主要问题是保证足够的刚度和良好的流动特性，尽量减小排汽损失。

大机组低压缸进、排汽温差较大，往往采用多层结构，以使低压缸温度分布均匀，不致产生变形而影响动静部分间隙。

3. 汽缸法兰、螺栓加热装置

高参数汽轮机高、中压缸法兰很厚，连接螺栓尺寸很大，在机组启、停过程中，汽缸与法兰之间、法兰与螺栓之间将产生较大的温差，使法兰和螺栓中产生很大的热应力，严重时会引起法兰变形、螺栓拉断等现象。采用法兰螺栓加热装置，在机组启停过程中对法兰和螺栓进行补充加热或冷却，可以减小汽缸、法兰及连接螺栓间的温差，减小热应力，缩短机组启、停时间。

4. 汽缸的支承

汽缸支承可分为台板支承和猫爪支撑，汽轮机低压缸利用下缸伸出的搭脚直接支承在台板上，称为台板支承。高、中压缸一般通过水平法兰两端伸出的猫爪支承在轴承座上，称为猫爪支承。

（1）下缸猫爪支承。

优点：安装、检修简单方便。

缺点：因支承面低于汽缸中心线，汽缸受热后中心线将向上抬起，造成动、静部分径向间隙变化。

（2）上缸猫爪支承。

优点：支承面与汽缸水平中分面一致，能保证静子与转子中心一致。

缺点：安装检修比较麻烦；增加了法兰螺栓受力，法兰结合面易产生张口。

（3）下缸猫爪中分面支承。

这种支承方式将下缸猫爪位置提高呈 Z 形，使支承面与汽缸水平中分面在同一平面上，同时利用了上述两种支承方式的优点。

5. 滑销系统

作用：①保证汽缸受热或冷却后按一定方向膨胀或收缩；②保持汽缸与转子中心一致。

组成：横销、纵销、立销及角销等。

（1）横销：引导汽缸沿横向滑动，并在轴向起定位作用。

（2）纵销：引导轴承座和汽缸轴向滑动，并在横向起定位作用。纵销与横销中心线的交点为膨胀的固定点，称为"死点"。

（3）立销：引导汽缸沿垂直方向膨胀，并与纵销共同保持机组的轴向中心不变。

（4）角销：也称为压板，防止轴承座与基础台板脱离。

（五）喷嘴组

采用喷嘴调节汽轮机的第一级喷嘴通常根据调节阀的个数成组固定在喷嘴室上，安装在每个喷嘴室的若干个喷嘴即为一个喷嘴组。大功率汽轮机常用的喷嘴组主要有两种，整体铣制焊接而成和精密铸造而成的喷嘴组。与整体铣制焊接喷嘴组相比，精密铸造喷嘴组的制造成本低，且可以得到足够的表面光洁度及精确的尺寸，使喷嘴流道型线更好地满足蒸汽流动的要求。

（六）隔板

1. 冲动级隔板

（1）组成：静叶片、隔板体和隔板外缘。

（2）形式：铸造隔板、焊接隔板。

1）铸造隔板。

优点：加工比较容易，成本低。

缺点：表面光洁度较差；使用温度不能太高。

应用：用于汽轮机的低压部分。

2）焊接隔板。

优点：强度和刚度较高，汽密性好，加工方便。

应用：应用于汽轮机的高、中压部分。

2. 反动级隔板（静叶环）

与冲动级隔板的差别：隔板内径增加，没有了隔板体。

3. 隔板套（静叶持环）

优点：简化汽缸结构；减小汽轮机轴向尺寸；有利于汽缸的通用；便于抽汽口的布置；减小了机组启、停及负荷变化过程中的热应力和热变形。

缺点：增加汽缸的径向尺寸，使水平法兰厚度增加，延长了汽轮机启动时间。

4. 隔板及隔板套的支承和定位

（1）悬挂销非中分面支承。

特点：支承面靠近汽缸（或隔板套）水平中分面，隔板受热膨胀后中心变化较小。

（2）中分面支承。

特点：下隔板（下隔板套）支承在下隔板套（下汽缸）的水平中分面上，可以保证隔板受热后中心与汽缸中心一致。

（七）汽封

汽轮机中为了减小漏汽损失，在相应部位设置了汽封。根据安装部位不同，汽封可分为轴端汽封、隔板汽封和通流部分汽封。

汽轮机中应用最为广泛的一种汽封是梳齿形汽封，利用多次节流，使每个汽封齿前后压差减小来减小漏汽量。这种汽封结构简单，安装方便，阻汽效果较好，安全性好。另外有的汽轮机上还采用了布莱登活动汽封、护卫式汽封等新型汽封，取得了较高的经济性和较高的安全性。

（八）盘车装置

盘车装置是用于在汽轮机不进蒸汽时驱动转子以一定转速旋转的设备。按盘车转速高低，分为：①高速盘车，盘车时转子转速 40～70r/min；②低速盘车，盘车时转子转速 2～4r/min。

汽轮机通常采用电动盘车装置，电动机与汽轮机主轴上的盘车齿轮之间有齿轮、链轮、蜗轮蜗杆等传动轮系，盘车装置的投入和退出可利用螺旋轴上齿轮的移动、装在摆动壳上的摆动齿轮的摆动进行。盘车装置可以手动投入和退出，也可自动投入和退出。

（九）轴承

1. 滑动轴承的工作原理

汽轮机轴承在高速重载条件下工作，都采用液体摩擦的滑动轴承，工作时，在轴颈和轴瓦、推力盘与推力瓦块之间形成油膜，建立液体摩擦。

汽轮机的支持和推力轴承中，轴颈与轴瓦、推力盘与推力瓦块之间构成楔形间隙。如果连续向轴承间隙中供应具有一定压力和黏度的润滑油，当转子旋转时，润滑油随之转动，对于润滑油从宽口流向窄口的楔形间隙，进油量大于出油量，润滑油便聚积在狭窄的楔形间隙中而使油压升高，当间隙中的油压超过载荷时，轴颈与轴瓦、推力盘与推力瓦块被油膜隔开，形成了液体摩擦。油楔中的油压与载荷自动平衡，轴颈、推力盘稳定在一定的位置旋转。

有载荷作用的两表面间建立稳定的油膜必须具备的条件：①两表面间有楔形间隙；②有足够的具有合适黏度的润滑油；③有相对运动，运动方向是使润滑油从楔形间隙的宽口流向窄口。

润滑油黏性越大，楔形间隙内的油压越高。对于支持轴承，在其他条件相同的情况下，轴承的长度越长，则产生的油压越大，承载能力就越大。但轴承太长，将影响其工作的稳定性，且不利于轴承的冷却，还会增加机组的轴向长度。

2. 轴承的结构

（1）支持轴承。

1）圆筒形轴承。其轴瓦内孔呈圆柱形，转子静止时，轴承顶部间隙约为侧面间隙的两倍。工作时，轴颈下形成一个油膜。轴瓦内浇铸有一层锡基轴承合金（乌金或巴氏合金），这种合金质软、熔点低，并具有良好的耐磨性能。一旦油膜没建立起来或油膜破裂，导致轴颈与轴瓦发生摩擦时，乌金被烧熔，保护轴颈不被磨损。

自位轴承的轴瓦呈球面形，当转子中心变化引起轴颈倾斜时，轴承可随之转动，自动调整位置，使轴颈与轴瓦保持平行，油膜均匀稳定。

2）椭圆形轴承。轴瓦内孔呈椭圆形，轴瓦侧面间隙约为顶部间隙的两倍，工作时轴瓦上、下部均形成油膜。上部油膜作用力降低了轴心位置，工作稳定性较好。由于轴瓦侧面间隙加大，油楔收缩急剧，有利于形成液体摩擦，提高油膜压力，增大了轴承的承载能力。

3）三油楔轴承。轴瓦上有三个固定油楔：上瓦两个，下瓦一个。工作时，三个油楔中均形成油膜。下部大油楔产生的压力起承受载荷的作用，上部两个小油楔产生的压力将轴颈往下压，使转轴运行平稳，并具有良好的抗振性能。这种轴承承载能力较高。

4）可倾瓦轴承（活支多瓦轴承）。由 3～5 块或更多块能在支点上自由倾斜的弧形瓦块组成。工作时，瓦块可以随载荷、转速及轴承油温的不同而自由摆动，自动调整到形成油膜的最佳位置。这种轴承具有较高的稳定性；具有吸收转轴振动能量的能力，因此具有较好的减振性；承载能力大；还具有摩擦功耗小等优点。缺点是结构复杂，安装、检修比较困难。

（2）推力轴承。

汽轮机推力轴承广泛采用密切尔式轴承，在轴承两侧沿圆周方向分别安装着若干块可摆动的推力瓦块，通过瓦块与推力盘之间构成楔形间隙来形成油膜。轴承两侧的工作瓦块和非工作瓦块分别用来承受转子的正向和反向推力。推力瓦块的工作面上浇铸有一层乌金，乌金厚度小于汽轮机通流部分及轴封处的最小轴向间隙，以保证在事故情况下乌金熔化时，动、静部分不致相互碰撞。

四、叶片的强度与振动

（一）叶片的强度

工作时，叶片受到的作用力主要有离心力和汽流作用力两种。离心力会在叶片横截面上产生拉应力，当离心力的作用线不通过某个截面的形心时，还会在该截面上产生弯应力。叶片所受的离心力不随时间变化，是静应力。汽流力成周期性变化，可以看作是由不随时间变化的平均值分量和随时间变化的交变分量组成。不变的分力在叶片中引起静弯应力，交变的分力迫使叶片振动并在叶片中引起交变的振动应力。

为了保证叶片的安全运行，应使叶片上的静应力合力小于许用应力，还应限制叶片中的蒸汽弯应力。当工作温度低于 $400\sim500℃$ 时，采用在工作温度下材料的屈服强度 $\sigma_{0.2}^{t}$ 作为强度准则；当工作温度更高时，以其在工作温度下材料的屈服强度 $\sigma_{0.2}^{t}$、持久强度 $\sigma_{10^5}^{t}$ 和蠕变强度 $\sigma_{1\times10^{-5}}^{t}$ 作为强度准则，分别计算出各许用应力，然后取其中最小的一个作为考核标准。

（二）叶片的振动

1. 基本概念

自由振动：当叶片受到一个瞬时外力的冲击后在原平衡位置附近做的周期性摆动。

自振频率：自由振动时的振动频率。

激振力：引起叶片振动的周期性外力。

强迫振动：当叶片受到激振力作用时，发生的按外力频率的振动。

A 型振动：叶根不动、叶顶摆动的振动形式。

B 型振动：叶根不动、叶顶基本不动的振动形式。

静频率：叶片在静止时的自振频率。

动频率：叶片在旋转状态下（考虑离心力影响）的自振频率。

调频叶片：需要将叶片的自振频率与激振力频率调开，避免发生共振的叶片。

不调频叶片：在共振状态下能长期安全工作，不需要调频的叶片。

耐振强度（复合疲劳强度）：在一定工作温度和一定静应力作用下，叶片所能承受的最大交变应力的幅值。表示材料在承受动应力时的一种机械性能。

安全倍率：修正后的叶片耐振强度与汽流弯应力的比值，为表征叶片抵抗疲劳破坏的系数。

许用安全倍率：确保叶片运行安全的安全倍率。

2. 引起叶片振动的激振力

汽轮机工作时，引起叶片振动的激振力按来源有机械激振力和汽流激振力。机械激振力是汽轮机其他零部件的振动传给叶片的，只要查明原因予以消除即可。汽流激振力是由于沿圆周方向的不均匀汽流对旋转着的叶片的脉冲作用而产生的。汽流激振力根据频率高低分为低频激振力和高频激振力。

(1) 高频激振力。

产生原因：喷嘴叶片出汽边具有一定的厚度及叶型上的附面层等原因，使喷嘴出口汽流速度不均匀，从而蒸汽对动叶的作用力分布不均匀，喷嘴通道中间部分高而出汽边尾迹处低；动叶片每经过一个喷嘴时，所受的汽流力的大小就变化一次，即受到一次激振。

频率：对于全周进汽的级 $f = z_n n$

对于部分进汽的级 $f = \dfrac{z_n n}{e}$

式中 z_n——级的喷嘴数；

n——汽轮机的转速；

e——部分进汽度。

(2) 低频激振力。

产生原因：级的圆周上个别地方汽流速度异常，引起汽流力不同。

具体原因有：个别喷嘴加工安装有偏差或损坏；上下隔板结合面的喷嘴结合不良；级前后有加强筋；部分进汽或喷嘴弧分段；级前后有抽汽口。

频率：$f = in$；i 为一级中汽流异常处个数。

3. 叶片的振型

叶片的振动主要有两种基本形式，即弯曲振动和扭转振动，弯曲振动又分为切向振动和轴向振动。轴向振动和扭转振动发生在汽流作用力较小而叶片的刚度较大的方向，振动应力比较小。切向振动发生在叶片刚度最小的方向，并且几乎与汽流的主要作用力的方向一致，所以切向振动最容易发生又最危险。

按振动时叶片顶部是否摆动，切向振动可分为 A 型振动和 B 型振动。A、B 型振动按叶片上节点个数分别有 A_0 型、A_1 型、A_2 型、…、B_0 型、B_1 型…等振型。当激振力频率逐渐升高时，叶片组将依次出现 A_0、B_0、A_1、B_1…型振动，其自振频率依次增大，振幅则减小。高阶次的振动不容易发生，即使发生危险性也较小，通常在叶片的安全性校核中主要考虑 A_0、B_0、A_1 三种振型。

4. 叶片的自振频率

叶片自振频率的大小与叶片本身参数及工作条件有关。叶片本身影响因素有：①叶片的抗弯刚度（EI），EI 越大，频率越高；②叶片的高度 l_b，l_b 越高，频率越低；③叶片的质量 m，m 越大，频率越低；④叶片频率方程的根（kl），其值与叶片的振型有关。

工作条件对自振频率的影响因素有：

(1) 叶根的连接刚度。叶片根部松动，叶根会有一部分参与振动，使叶片振动的质量增加、刚性降低，自振频率降低。

(2) 工作温度。温度升高，叶片的弹性模量降低，自振频率降低。

(3) 离心力。叶片在旋转状态下，叶片上的离心力将阻止叶片振动时的弯曲，离心力的存在相当于增加了叶片的刚度，使叶片的自振频率提高。

(4) 叶片成组。围带和拉金对叶片组内叶片的自振频率的影响：增加叶片的质量，使频率降低；增加叶片的刚度，使频率升高。叶片成组后的频率是升高还是降低，取决于以上哪方面影响更大些。

5. 叶片振动的安全准则

（1）不调频叶片的振动安全准则。

不调频叶片在共振条件下必须满足安全倍率许用值要求，即

$$A_b \geqslant [A_b]$$

式中　　A_b——安全倍率；

　　　　$[A_b]$——许用安全倍率。

上式即为不调频叶片的振动强度安全准则。许用安全倍率一般用统计的方法得到。

（2）调频叶片的振动强度安全准则。

调频叶片应满足调频指标和安全倍率许用值要求。由于调频后避开了共振，动应力大为减小，所以安全倍率值较小。

调频叶片的安全准则是：①叶片的自振频率要避开激振力频率一定范围；②安全倍率大于某一许用值。

6. 叶片的调频方法

调整叶片自振频率的措施主要是改变叶片的质量和刚度（包括连接刚度）。常用的调频方法有：

（1）加装围带、拉金，或者改变围带、拉金的尺寸，使叶片的刚度和质量发生变化；

（2）重新研磨叶根之间的结合面，以增加叶根的连接刚性；

（3）在叶片顶部钻孔或切角，减小叶片的质量；

（4）改变叶片组内的叶片数；

（5）采用松拉金或空心拉金；

（6）在围带和拉金与叶片连接处加焊，或捻铆不合格的铆钉，以增加连接牢固程度。

五、转子的临界转速

1. 基本概念

转子的临界转速：在汽轮发电机组启动和停机过程中，当转速达到某些数值时，机组发生强烈振动，而越过这些转速后，振动便迅速减弱，这些机组发生强烈振动时的转速称为转子的临界转速。

刚性转子：一阶临界转速高于正常工作转速的转子。

挠性（柔性）转子：一阶临界转速低于正常工作转速的转子。

转子临界转速下的强烈振动实质上是共振现象。当转子旋转时，转子上质量偏心引起的离心力作用在转子上，迫使转子振动。当该离心力的频率与转子横向自振频率成整数倍时，便发生共振，此时的转速就是转子的临界转速。因此，转子的临界转速有无穷多个，分别称为一阶、二阶、三阶、…、临界转速。

2. 影响因素

转子抗弯刚度、质量及跨度会对临界转速产生影响。刚度大、质量轻、跨度小，则临界转速高；反之，临界转速低。另外，转子之间的连接、工作温度和支承刚度等因素也对临界转速值有影响。

3．转子临界转速的校核

为保证机组的安全运行，汽轮机升速过程中应迅速平稳地通过临界转速；并且临界转速与汽轮机正常工作转速之间应错开一定范围。

六、汽轮发电机组的振动

汽轮发电机组在运行中若振动过大，可能造成严重危害和后果，主要有

（1）损坏转动部件。

（2）使连接部件松动，甚至引起连接螺栓断裂。

（3）引起机组动、静部分摩擦。

（4）引起基础甚至厂房的共振损坏。

（5）引起危急保安器误动作而发生停机事故。

由于振动过大的危害性很大，所以必须保证振动值在规定的范围以内。

机组振动原因很多，与机组的制造、安装、检修和运行水平等有直接的关系。

（一）引起强迫振动的原因

1．转子质量不平衡

原因：加工检修偏差；个别元件断裂、松动；转子被不均匀磨损；叶片结垢等。

转子质量不平衡引起的振动的特点：振动频率与转子的转速一致，相位稳定。

2．转子弯曲

原因：①启动过程中，盘车或暖机不充分、升速或升负荷过快，停机后盘车不当，使转子沿径向温度分布不均匀；②转子的材质不均匀或有缺陷；③动静部分之间的碰磨。

3．转子中心不正

原因：联轴器平面与主轴中心线不垂直；转子在连接处不同心。

4．转子支承系统变化

原因：轴瓦或轴承座松动；安装着轴承的汽缸变形；机组基础框架不均匀下沉；轴承供油不足或油温不当使油膜遭到破坏。

5．电磁力不平衡

原因：发电机转子与定子间间隙不均匀；转子线圈匝间短路。

（二）引起自激振动的原因

自激振动——振动系统通过本身的运动不断向自身馈送能量，自己激励自己所产生的振动。引起机组自激振动的原因主要是油膜自激和间隙自激，它们分别引起油膜振荡和间隙自激振动。

1．轴承的油膜振荡

（1）基本概念。

失稳转速：汽轮机升速过程中，轴颈开始失去稳定时的转速。

半速涡动：轴颈中心发生的频率等于当时转速一半的小振动。

油膜振荡：机组转速达到转子第一临界转速两倍时，轴颈中心发生的频率等于转子第一临界转速的大振动。

（2）油膜振荡产生的原因。

工作时，轴颈支承在油膜上高速旋转。稳定状态下，油膜对轴颈的作用力与轴颈上的载荷大小相等、方向相反且作用于同一直线上，合力为零。如果轴颈受到一个干扰，中心移

动，油楔随之发生改变，产生的油膜作用力的大小和方向也将发生变化，油膜对轴颈的作用力与轴颈上的载荷的合力不再为零，轴颈中心将围绕平衡点涡动。如果涡动的角速度与转子的第一临界转速合拍，则涡动被共振放大，轴颈发生强烈振动，即产生了油膜振荡。

（3）油膜振荡的危害：①引起轴承油膜破裂、轴颈与轴瓦碰撞甚至损坏；②使转子发生共振，可能导致转子损坏。

（4）油膜振荡的防止和消除。

油膜振荡只有当转速高于失稳转速及转子第一临界转速的两倍时才有可能发生。因此防止和消除油膜振荡的基本方法是提高转子的第一临界转速和失稳转速。转子临界转速的有关内容见前面相关部分。提高转子的失稳转速也就是提高轴颈工作的稳定性。研究表明，轴颈在轴瓦中平衡位置的偏心距越大，转子工作越稳定，失稳转速也就越高。因此，降低轴心位置可以防止和消除油膜振荡。具体措施为：

1）增加轴承比压。轴承比压为轴承载荷与轴瓦垂直投影面积之比。比压越大，轴颈相对偏心率越大，轴承稳定性越好。方法：缩短轴瓦长度；调整轴瓦中心。

2）降低润滑油黏度。润滑油黏度降低，油膜减薄，轴颈相对偏心率减小，不容易产生油膜振荡。方法：提高油温；更换黏度较小的润滑油。

3）调整轴承间隙。调整轴承间隙可以改变油膜的分布及厚度等，使轴颈的位置降低，增大相对偏心率，使轴颈的稳定性提高。

2. 间隙自激振动

（1）产生原因。若汽轮机转子与汽缸不同心，使动、静部分径向间隙不均匀，叶轮上将产生不平衡的力，两侧力的合力不为零。当合力的切向分力大于阻尼力时，可能使转子产生涡动。涡动离心力又使合力的切向分力增加，涡动加剧。

（2）消除间隙自激振动的措施：①改善转子与汽缸的同心位置；②减小轴承间隙，增加润滑油黏度等。

（三）引起轴系扭振的原因

当机组稳定运行时，作用在其轴系上的汽轮机蒸汽力矩和发电机的电磁力矩相平衡。若其中某一个力矩发生突变或振荡，将使轴系受到瞬间冲击扭矩或周期性交变扭矩作用，产生扭转振动。

1. 汽轮机组方面原因

（1）汽轮发电机组突然甩负荷。

（2）汽轮机调节阀快速控制。

（3）调节系统快速调节。

2. 电气系统方面原因

电力系统短路、快速重合闸、非同期并网及三相电力负荷不平衡等。

4.3　重点难点与学习建议

一、本章重点

（1）汽轮机本体主要部件的作用、形式及结构特点。

（2）叶片振动的基本概念，引起叶片振动的原因，影响叶片自振频率的因素，叶片振动的安全准则，叶片调频方法。

（3）滑动轴承的工作原理，建立稳定油膜的条件。

（4）轴承油膜振荡现象、危害，防止和消除油膜振荡的方法。

（5）转子临界转速的概念，影响临界转速的因素，对临界转速的要求。

（6）汽缸的支承方式，汽轮机滑销系统的作用和组成。

（7）机组振动的评价标准，引起机组强迫振动、自激振动的原因。

二、本章难点

（1）引起叶片振动的汽流激振力的产生，工作条件对叶片自振频率的影响，不调频叶片的振动安全性准则。

（2）滑动轴承油膜形成的过程。

（3）轴承油膜振荡的产生，提高轴颈工作稳定性的方法，防止和消除油膜振荡的具体措施。

（4）转子在临界转速下产生强烈振动的原因，各因素对临界转速的影响。

（5）引起机组强迫振动原因的分析。

（6）汽轮机本体主要部件的结构形式及特点。

三、本章学习建议

本章介绍的是汽轮机本体结构。汽轮机本体结构复杂，零部件较多，各部件结构各不相同，而且各部件又有多种形式，这些都使本章的内容较复杂。教材中有较多的设备和部件的结构图，对大家学习设备有一定的作用。建议大家在学习过程中，多结合汽轮机实物、模型及动画图片等，学习效果会更好。

4.4　习题与参考答案

习　题

一、名词解释（解释下列概念）

1. 叶片的静频率

2. 叶片的动频率

3. 调频叶片

4. 不调频叶片

5. 转子的临界转速

6. 油膜振荡

7. 刚性转子

8. 挠性转子

9. 盘车装置

10. A 型振动

11. B 型振动

12. 耐振强度

13. 安全倍率

二、填空题（将适当的词语填入空格内，使句子正确、完整）

1. 汽轮机滑销系统的＿＿＿＿＿销引导汽缸纵向膨胀保证汽缸和转子中心一致。

2. 汽轮机轴承分为＿＿＿＿＿和＿＿＿＿＿两大类。

3. 汽轮机纵销的中心线与横销的中心线的交点为＿＿＿＿＿。

4. 按制造工艺，汽轮机的转子有＿＿＿＿＿、＿＿＿＿＿、＿＿＿＿＿和＿＿＿＿＿等形式。

5. 汽轮机叶顶围带主要的三个作用是：增加＿＿＿＿＿、调整＿＿＿＿＿、防止＿＿＿＿＿。

6. 汽缸法兰螺栓加热装置是用来加热＿＿＿＿＿和＿＿＿＿＿，以保证汽轮机安全启停。

7. 汽轮机轴封的作用是防止高压蒸汽＿＿＿＿＿，防止真空区漏入＿＿＿＿＿。

8. 汽轮机汽封根据所处的位置可分为＿＿＿＿＿汽封、＿＿＿＿＿汽封和＿＿＿＿＿汽封。

9. 汽轮机高压缸的支承方式有＿＿＿＿＿、＿＿＿＿＿、＿＿＿＿＿几种形式。

10. 当汽轮发电机组达到某些转速时，机组发生强烈振动，当转速离开这些值时振动迅速减弱以致恢复正常，这些使汽轮发电机组产生强烈振动的转速，称为汽轮发电机转子的＿＿＿＿＿。

11. 根据盘车转速，盘车装置可分为＿＿＿＿＿和＿＿＿＿＿盘车。

12. 当汽轮发电机转速达到两倍转子第一临界转速时发生的油膜自激振动，通常称为＿＿＿＿＿。

13. 降低润滑油黏度最简单易行的方法是＿＿＿＿＿。

14. 汽轮机滑销系统的作用是＿＿＿＿＿，由＿＿＿＿＿销、＿＿＿＿＿销、＿＿＿＿＿销和＿＿＿＿＿销组成。

15. 影响转子临界转速的因素有＿＿＿＿＿、＿＿＿＿＿和＿＿＿＿＿等。

16. 汽轮机本体转动部分由＿＿＿＿＿、＿＿＿＿＿、＿＿＿＿＿和＿＿＿＿＿等部件组成。静止部分由＿＿＿＿＿、＿＿＿＿＿和＿＿＿＿＿等部件组成。

三、判断题［判断下列命题是否正确，若正确在（　　）内打"　"，错误在（　　）内打"×"］

1. 汽轮机静止部分主要包括汽缸、隔板、汽封、轴承等部件。（　　）

2. 汽轮机的滑销系统主要由立销、纵销、横销、角销等组成。（　　）

3. 汽轮机正常运行中转子以高压缸前轴承座为死点，沿轴向膨胀或收缩。（　　）

4. 为安装检修方便，汽缸通常做成水平对分形式。上、下汽缸通过水平结合面的法兰用螺栓紧密连接。（　　）

5. 汽轮发电机组常用的联轴器主要有刚性联轴器和半挠性联轴器。（　　）

6. 超高压及以上汽轮机的高（中）压缸采用双层缸结构，在夹层中通入蒸汽，可以减小每层汽缸的压差和温差。（　　）

7. 汽缸的支承和滑销系统的布置，将直接影响到机组通流部分轴向间隙的分配。（　　）

8. 当转子在临界转速时，机组的振动会急剧增加，所以启动时提升转速的速率越快越好。（　　）

9. 汽轮机的转动部分包括轴、叶轮、动叶栅和联轴器、盘车装置等。（　　）

10. 汽轮机低压缸一般都是支承在基础台板上，而高、中压缸一般是通过猫爪支承在轴承座上。（　　）

11. 汽轮机运行中当工况变化时，推力盘有时靠向工作瓦块，有时靠向非工作瓦块。（　　）

12. 油膜振荡是指汽轮机转子的工作转速接近一阶临界转速的一半时，转子振幅猛增，产生剧烈的振动的现象。（　　）

13. 当转子的临界转速低于1/2工作转速时，才有可能发生油膜振荡现象。（　　）

14. 当润滑油温度升高时，其黏度随之降低。（　　）

15. 汽轮机推力轴承的作用只是承受转子的轴向推力。（　　）

16. 汽轮机正常运行中转子以推力盘为死点，沿轴向膨胀或收缩。（　　）

17. 润滑油温过高和过低都会引起油膜的不稳定。（　　）

18. 采用双层缸有利于减小汽缸内外壁温差，改善启动性能 。（　　）

19. 在湿蒸汽区工作的动叶发生冲蚀现象的部位是进汽边背弧上，且叶顶部最为严重。（　　）

20. 为提高动叶片的抗冲蚀能力，可在检修时将因冲蚀而形成的粗糙面打磨光滑。（　　）

21. 汽轮机滑销系统的作用在于防止汽缸受热膨胀而保持汽缸与转子中心一致。（　　）

22. 汽轮机润滑油温过高，可能造成油膜破坏，严重时可能造成烧瓦事故，所以一定要保持润滑油温在规定范围内。（　　）

23. 在运行中机组突然发生振动时，较为常见的原因是转子平衡恶化和油膜振荡。（　　）

24. 随着汽轮发电机组容量的增大，转子的临界转速也随之提高，轴系临界转速分布更加简单。（　　）

25. 在机组启动过程中发生油膜振荡时，可以像通过临界转速那样以提高转速冲过去的办法来消除。（　　）

四、选择题 ［下列各题答案中选一个正确答案编号填入（　　）内］

1. 汽轮机轴封的作用是（　　）。

A. 防止缸内蒸汽向外泄漏；

B. 防止空气漏入凝汽器内；

C. 防止高压蒸汽漏出，防止真空区漏入空气；

D. 防止隔板漏汽。

2. 汽轮机的轴向位置是依靠（　　）确定的。

A. 靠背轮；　　　　　　　　　　B. 轴封；

C. 支持轴承；　　　　　　　　　D. 推力轴承。

3. 汽轮机汽缸（单层汽缸）的膨胀死点一般在（　　）。

A. 立销中心线与横销中心线的交点；　B. 纵销中心线与横销中心线的交点；

C. 立销中心线与纵销中心线的交点；　D. 纵销中心线与角销中心线的交点 。

4. 连接汽轮机各转子一般采用（　　）。

A. 刚性联轴器；　　　　　　　　B. 半挠性联轴器；

C. 挠性联轴器；　　　　　　　　D. 半刚性联轴器。

5. 汽轮机隔板汽封一般采用（　　　）。

A. 梳齿形汽封；　　　　　　　　　　B. J 形汽封；

C. 枞树形汽封；　　　　　　　　　　D. 接触式汽封。

6. 汽轮机滑销系统的合理布置和应用能保证（　　　）的自由膨胀和收缩。

A. 横向和纵向；　　　　　　　　　　B. 横向和立向；

C. 立向和纵向；　　　　　　　　　　D. 各个方向。

7. 当转子的临界转速低于工作转速的（　　　）时，才有可能发生油膜振荡现象。

A. 4/5；　　　　　　　　　　　　　　B. 3/4；

C. 2/3；　　　　　　　　　　　　　　D. 1/2。

8. 汽轮发电机组振动水平是用（　　　）来表示的。

A. 基础振动值；　　　　　　　　　　B. 汽缸的振动值；

C. 地对轴承座的振动值；　　　　　　D. 轴承和轴颈的振动值。

9. 汽轮发电机组在启动升速过程中，没有临界共振现象发生的为（　　　）转子。

A. 挠性；　　　　　　　　　　　　　B. 刚性；

C. 重型；　　　　　　　　　　　　　D. 半挠性。

10. 当转轴发生油膜振荡时（　　　）。

A. 振动频率与转速相一致；　　　　　B. 振动频率为转速之半；

C. 振动频率为转速的一倍；　　　　　D. 振动频率与转子第一临界转速基本一致。

11. 当凝汽式汽轮机轴向推力增大时，其推力瓦（　　　）。

A. 工作面瓦块温度升高；

B. 非工作面瓦块温度升高；

C. 工作面瓦块、非工作面瓦块温度都升高；

D. 工作面瓦块温度不变。

12. 大功率汽轮机高压缸转子大都采用（　　　）。

A. 整锻转子；　　　　　　　　　　　B. 焊接转子；

C. 套装转子；　　　　　　　　　　　D. 组合转子。

13. 工作转速时，轴颈能在轴承内抬起是因为（　　　）。

A. 楔形间隙处油膜压力很大，能将轴顶起；

B. 进入轴承润滑油压力很高，一般约为 10MPa，能将轴顶起；

C. 转子旋转时进入轴承的润滑油黏度增加，故能将轴和瓦的表面隔开。

14. 当汽轮机工况变化时，推力轴承的受力瓦块是（　　　）。

A. 工作瓦块；　　　　　　　　　　　B. 非工作瓦块；

C. 工作瓦块和非工作瓦块都可能。

15. 汽轮机同一级的叶片通常用围带或拉金成组连接，下面关于围带作用的描述错误的是（　　　）。

A. 增加叶片的做功能力；　　　　　　B. 调整叶片频率；

C. 增加叶片的刚度；　　　　　　　　D. 防止叶片断裂。

16. 低压缸顶部装设大气安全阀的目的是（　　　）。

A. 保护汽缸；　　　　　　　　　　　B. 保护转子；

C. 保护叶片；　　　　　　　　　　　　D. 保护凝汽器。

五、问答题

1. 汽轮机本体由哪些主要部件组成？

2. 动叶片常用的叶根类型有哪几种？各有何特点？

3. 围带和拉金分别有什么作用？

4. 工作时引起叶片振动的激振力有哪些？是如何产生的？

5. 调频叶片常用的调频方法有哪些？

6. 汽缸的作用是什么？超高参数及以上汽轮机的高压缸（甚至中压缸）为什么采用双层结构？

7. 高压缸有哪几种支承方式？各有何优缺点？

8. 为什么排汽缸要装喷水减温装置？

9. 按制造工艺，轮式转子有哪几种形式？各有什么特点？应用于什么场合？

10. 冲动式汽轮机与反动式汽轮机转子结构有何不同？

11. 影响转子临界转速的因素有哪些？

12. 汽轮发电机组常用的联轴器有哪几种？各有何特点？

13. 滑销系统的作用是什么？由哪几类滑销组成？

14. 汽封的作用是什么？常用的曲径式汽封有哪几种？各有何特点？

15. 支持轴承有哪几种形式？各有什么特点？

16. 油膜振荡有什么危害？防止和消除油膜振荡的主要措施有哪些？

17. 叙述滑动支持轴承工作原理。

18. 影响轴承油膜的因素有哪些？

19. 引起机组强迫振动的原因有哪些？

参考答案

一、名词解释（解释下列概念）

1. 叶片的静频率：叶片在静止时的自振频率。

2. 叶片的动频率：叶片在旋转状态下的自振频率。

3. 调频叶片：需要将叶片的自振频率与激振力频率调开，避免发生共振的叶片。

4. 不调频叶片：在共振状态下能长期安全工作，不需要调频的叶片。

5. 转子的临界转速：在汽轮发电机组启动和停机过程中，当转速达到某些数值时，机组发生强烈振动，而越过这些转速后，振动便迅速减弱。这些机组发生强烈振动时的转速称为转子的临界转速。

6. 油膜振荡：机组转速达到转子第一临界转速两倍时，轴颈中心发生的频率等于转子第一临界转速的大振动。

7. 刚性转子：一阶临界转速高于正常工作转速的转子。

8. 挠性转子：一阶临界转速低于正常工作转速的转子。

9. 盘车装置：在汽轮机不进蒸汽时驱动转子以一定转速旋转的设备。

10. A 型振动：叶根不动、叶顶摆动的振动形式。

11. B 型振动：叶根不动、叶顶基本不动的振动形式。

12. 耐振强度：在一定工作温度和一定静应力作用下，叶片所能承受的最大交变应力的幅值。

13. 安全倍率：修正后的叶片耐振强度与汽流弯应力的比值。

二、填空题（将适当的词语填入空格内，使句子正确、完整）

1. 纵

2. 推力轴承，支持轴承

3. 汽缸的死点

4. 整锻转子，套装转子，组合转子，焊接转子

5. 叶片刚度，叶片频率，级间漏汽

6. 汽缸法兰，螺栓

7. 漏出，空气

8. 轴端，隔板，通流部分

9. 上缸猫爪支承，下缸猫爪非中分面支承，下缸猫爪中分面支承

10. 临界转速

11. 高速，低速

12. 油膜振荡

13. 提高轴承进油温度

14. 保证汽缸受热或冷却后按一定方向膨胀或收缩和保持汽缸与转子中心一致，横，纵，立，角

15. 转子的质量，刚度，跨距

16. 主轴，叶轮，动叶片，联轴器，汽缸，隔板，汽封

三、判断题〔判断下列命题是否正确，若正确在（   ）内打" "，错误在（   ）内打"×"〕

1. √；2. √；3. ×；4. √；5. √；6. √；7. √；8. ×；9. √；10. √；11. √；12. ×；13. √；14. √；15. ×；16. √；17. √；18. √；19. √；20. ×；21. √；22. √；23. √；24. ×；25. ×。

四、选择题〔下列各题答案中选一个正确答案编号填入（   ）内〕

1. C；2. D；3. B；4. A；5. A；6. D；7. D；8. D；9. B；10. D；11. A；12. A；13. A；14. C；15. A；16. A。

五、问答题

1. 答：汽轮机本体是汽轮机设备的主要组成部分，它由转动部分（转子）和固定部分（静子）组成。转动部分包括动叶片、叶轮（反动式汽轮机为转鼓）、主轴和联轴器及紧固件等旋转部件；固定部件包括汽缸、蒸汽室、喷嘴室、隔板、隔板套（或静叶持环）、汽封、轴承、轴承座、机座、滑销系统以及有关紧固零件等。

2. 答：常用的结构型式有 T 形、叉形和枞树形等。

T 形叶根：结构简单，加工方便，增大受力面积，提高承载能力，多用于短叶片，加有凸肩的可用于中长叶片。

叉形叶根：强度高，适应性好。同时加工简单，更换方便。

枞树形叶根：承载截面按等强度分布，适应性好。但加工复杂，精度要求高。

3. 答：围带：增加叶片刚性，减少级内漏气损失。降低叶片蒸汽力引起的弯应力，调整叶片频率。

拉金：增加叶片刚性，改善振动性能。

4. 答：工作时引起叶片振动的激振力有机械激振力和汽流激振力。机械激振力是汽轮机其它零部件的振动传给叶片的。汽流激振动是由于沿圆周方向的不均匀汽流对旋转着的叶片的脉冲作用而产生的。汽流激振力根据频率高低分为低频激振力和高频激振力。高频激振力产生原因是喷嘴叶片出汽边具有一定的厚度及叶型上的附面层使喷嘴出口汽流速度不均匀，从而蒸汽对动叶的作用力分布不均匀，动叶片每经过一个喷嘴时所受的汽流力的大小就变化一次。低频激振力产生原因是个别喷嘴加工安装有偏差或损坏、上下隔板结合面的喷嘴结合不良、前后有加强筋、部分进汽或喷嘴弧分段、级前后有抽汽口等使级的圆周上个别地方汽流速度异常，引起汽流力不同。

5. 答：调频叶片通常是采用调整叶片（叶栅）的自振频率来进行调频的。调整叶片（叶栅）的自振频率主要是通过改变叶片的质量和刚性来实现的，常用的调频方法有：

（1）加装围带、拉金，或者改变围带、拉金的尺寸，使叶片的刚度和质量发生变化；

（2）重新研磨叶根之间的结合面，以增加叶根的连接刚性；

（3）在叶片顶部钻孔或切角，减小叶片的质量；

（4）改变叶片组内的叶片数；

（5）采用松拉金或空心拉金；

（6）在围带和拉金与叶片连接处加焊，或捻铆不合格的铆钉，以增加连接牢固程度。

6. 答：汽缸作用：形成蒸汽能量转换的封闭汽室，起着支承定位的作用。

超高参数及以上汽轮机，高压缸（甚至中压缸）若采用单层缸，汽缸壁及法兰都很厚，在汽轮机启动、停机及工况变化时，汽缸与法兰、法兰与螺栓之间将因温差过大而产生很大的热应力，甚至使汽缸变形、螺栓拉断。采用双层缸结构，并在内、外缸的夹层中通以一定压力和温度的蒸汽，很高的汽缸内、外压差由内、外两层汽缸分担承受，使汽缸壁和法兰的厚度减薄，减小了启、停及工况变化时的热应力；另外外缸温度较低，可采用较低等级的材料，节约了优质耐热合金钢。

7. 答：高压缸一般采用猫爪支承，有上缸猫爪支承和下缸猫爪支承。上缸猫爪支承的优点是支承面与汽缸水平中分面一致，能保证静子与转子中心一致；缺点是安装检修比较麻烦，并增加了法兰螺栓受力，法兰结合面易产生张口。下缸猫爪支承有中分面支承和非中分面支承两种。下缸猫爪非中分面支承的优点是安装、检修简单方便；缺点是支承面低于汽缸中心线，汽缸受热后中心线将向上抬起，造成动、静部分径向间隙变化。下缸猫爪中分面支承是将下缸猫爪位置提高呈 Z 形，使支承面与汽缸水平中分面在同一平面上，同时利用了上述两种支承方式的优点。

8. 答：汽轮机启动、空载及低负荷时，蒸汽流量很小，不足以带走蒸汽与叶轮摩擦产生的热量，从而引起排汽温度升高，排汽缸温度升高。排汽温度过高会引起排汽缸较大的变形，破坏汽轮机动静部分中心线的一致性，严重时会引起机组振动或其他事故。所以，排汽缸装有喷水降温装置。

9. 答：按照制造工艺，轮式转子分为整锻式、套装式、组合式和焊接式四种形式。

套装转子：叶轮、轴封套、联轴器等部件是分别加工后，热套在阶梯形主轴上的。各部件与主轴之间采用过盈配合，金属的蠕变产生松动。不宜作为高温高压汽轮机的高压转子。

整锻转子：叶轮、轴封套和联轴节等部件与主轴是由一整锻件车削而成，无热套部件，解决了高温下叶轮与主轴连接可能松动的问题，结构紧凑，强度和刚度较高。因此整锻转子常用作大型汽轮机的高、中压转子。

组合转子：高压部分采用整锻结构，中、低压部分采用套装结构。

焊接转子：由若干实心轮盘和端轴焊接而成。焊接转子重量轻，锻件小。强度高，结构紧凑，转子刚性较大。

10. 答：冲动式汽轮机：轮式转子主轴上装有叶轮，动叶片安装在叶轮上。

反动式汽轮机：鼓式转子没有叶轮或有叶轮径向尺寸也很小，动叶片装在转鼓上，可缩短轴向长度和减小轴向推力。

11. 答：影响转子临界转速的因素主要有转子抗弯刚度、质量及跨度。刚度大、质量轻、跨度小，则临界转速高；反之，临界转速低。另外，转子之间的连接、工作温度和支承刚度等因素也对临界转速值有影响。

12. 答：联轴器一般可分为刚性、半挠性、挠性三类。

刚性联轴器：由两根轴端部的对轮组成，用螺栓将两个对轮紧紧地连接在一起。优点是结构简单，尺寸小；连接刚性强，传递转矩大；减少了轴承个数。缺点是传递振动和轴向位移，对转子找中心要求很高。广泛应用于大功率机组中。

半挠性联轴器：中间通过波形筒等来联接。可略微补偿两转子不同心的影响，同时还能吸收另一个转子的振动，且能传递较大的扭矩，它主要用在大中型汽轮发电机组的汽轮机低压转子和发电机转子之间的连接。

挠性联轴器：通过啮合件（如齿轮）或蛇形弹簧等来联接。允许两转子有相对的轴向位移和较大的偏心，但传递功率较小，需要专门的润滑装置，一般只在中小机组上采用。

13. 答：为了保证汽缸定向自由膨胀，并能保持汽缸与转子中心一致，避免因膨胀不均匀造成不应有的应力及伴同而生的振动，因而必须设置一套滑销系统。

滑销系统通常由横销、纵销、立销、猫爪横销、斜销、角销等组成

14. 答：汽封的作用：防止动静间隙漏汽使汽轮机效率降低。

现代汽轮机均采用曲径汽封，或称迷宫汽封，它有以下几种结构形式：梳齿形、J形（又叫伞柄形）、纵树形。

梳齿形汽封：汽封环的梳齿高低相间，构成一个曲折且有很多狭缝的通道，对漏汽形成很大阻力。

J形汽封：结构简单，汽封片薄且软，即使动静部分发生摩擦，安全性较好。但其每一片汽封所能承受的压差较小，因此需要片数较多，汽封片容易损坏。

纵树形汽封：汽流通道也更为曲折，阻汽效果更好，但其结构复杂，加工精度要求高。

15. 答：径向支持轴承的类型很多，可分为圆筒形轴承、椭圆形轴承、多油楔轴承及可倾瓦轴承等。

椭圆形轴承：上部油膜作用力降低轴心位置，增大相对偏心率，稳定性好。主要适用于低速重载转子。

三油楔轴承：它的承载能力较大，具有良好的抗振性。适用于较高转速及中载轴承。

可倾瓦轴承：瓦块可随载荷、转速、轴承油温不同自由摆动，具有较好稳定性和减振

性。适用于高转速轻载和重载转子。

16．答：油膜振荡的危害：产生油膜振荡时，轴颈强烈振动，从而：①引起轴承油膜破裂，轴颈与轴瓦碰撞甚至损坏；②使转子发生共振，可能导致转子损坏。

防止和消除：防止和消除油膜振荡的基本方法是提高转子的第一临界转速和失稳转速。提高转子的失稳转速也就是提高轴颈工作的稳定性，轴颈在轴瓦中平衡位置的偏心距越大，转子工作越稳定，失稳转速也就越高。

降低轴心位置以防止和消除油膜振荡的具体措施为：

（1）增加轴承比压。方法：缩短轴瓦长度和调整轴瓦中心。

（2）降低润滑油黏度。方法：提高油温；更换黏度较小的润滑油。

（3）调整轴承间隙。方法：调整轴承间隙以改变油膜的分布及厚度等，使轴颈的位置降低，轴颈的稳定性提高。

17．答：根据建立液体摩擦的理论，两个的表面间若要建立油膜，则两表面必须构成楔形间隙，间隙中充满具有一定黏度的润滑油，且两表面间要有使润滑油从楔形间隙宽口到窄口的相对运动。对滑动支持轴承，轴颈放入轴瓦中便形成油楔间隙。轴颈旋转时与轴瓦形成相对运动，轴颈旋转时将具有一定压力、黏度的润滑油从轴承座的进油管引入轴瓦，油黏附在轴颈随轴颈旋转，并不断把润滑油带入楔形间隙中。由于从宽口进入楔形间隙的润滑油比窄口流出楔形间隙的润滑油量多，润滑油便积聚在楔形间隙中，间隙中的油压升高。当油压超过轴颈的载荷时便将轴颈抬起，在轴瓦和轴颈之间形成油膜。

18．答：转速；轴承载荷；油的黏度；轴颈与轴承的间隙；轴承和轴颈的尺寸；润滑油温度；润滑油压；轴承进油孔直径。

19．答：引起机组强迫振动的原因有

（1）转子质量不平衡。加工检修偏差、个别元件断裂、松动、转子被不均匀磨损及叶片结垢等均会使转子产生质量偏心，引起机组发生强迫振动。转子质量不平衡引起的振动，特点是振动频率与转子的转速一致，相位稳定。现场发生的振动中，较多的是这一种。

（2）转子弯曲。

（3）转子中心不正。当联轴器平面与主轴中心线不垂直（称为瓢偏），或转子在连接处不同心，在旋转状态下都会产生引起振动的扰动力，从而引起机组振动。

（4）转子支承系统变化。若轴瓦或轴承座松动、安装着轴承的汽缸变形、机组基础框架不均匀下沉、轴承供油不足或油温不当使油膜遭到破坏，都会使轴系的受力发生变化，引起机组的振动。

（5）电磁力不平衡。发电机转子与定子间间隙不均匀或转子线圈匝间短路时，磁场力分布不均匀，引起振动。

第 5 章

汽轮机的凝汽设备

5.1 学习目标与要求

（1）了解凝汽设备的作用及工作过程。能表述凝汽设备的任务；能画出凝汽设备的热力系统图，并能解释各设备的作用；了解凝汽设备的结构。

（2）掌握凝汽器压力的确定，掌握凝汽器极限真空和最佳真空的基本概念，理解凝汽器内空气的影响；能表述凝汽器严密性对机组运行的影响，了解真空系统严密性的检查方法。

（3）了解抽气设备的工作原理和结构特点。

（4）掌握影响凝汽器真空的主要因素，掌握凝汽设备的热力特性。

（5）了解多压凝汽器的概念和特点。

5.2 基 本 知 识 点

一、凝汽设备的作用及工作过程

1. 凝汽设备的作用

凝汽设备是凝汽式汽轮机装置的重要组成部分之一，它在热力循环中起着冷源作用。

降低汽轮机排汽的压力和温度，可以提高循环热效率。降低排汽参数的有效办法是将排汽引入凝汽器凝结为水。凝汽器内布置了很多冷却水管，冷却水源源不断地在冷却水管内通过，蒸汽放出汽化潜热凝结成水。凝汽器中蒸汽凝结的空间是汽液两相共存的，压力等于蒸汽凝结温度所对应的饱和压力。蒸汽凝结温度由冷却条件决定，一般为 30℃ 左右，所对应的饱和压力约为 4～5kPa，该压力大大低于大气压力，从而在凝汽器中形成高度真空。

以水为冷却介质的凝汽设备，一般由凝汽器、凝结水泵、抽气器、循环水泵以及它们之间的连接管道和附件组成。最简单的凝汽设备如图 5-1 所示。汽轮机的排汽排入凝汽器 1，其热量被循环水泵 2 不断打入凝汽器的冷却水带走，凝结为水汇集在凝汽器的底部热井，然后由凝结水泵 3 抽出送往锅炉作为给水。凝汽器的压力很低，外界空气易漏入。为防止不凝结的空气在凝汽器中不断积累而升高凝汽器内的压力，采用抽气器 4 不断将空气抽出。

凝汽设备的主要作用有两方面：①在汽轮机排汽口建立并维持高度真空；②保证蒸汽凝结并供应洁净的凝结水作为锅炉给水。

此外，凝汽设备还是凝结水和补给水去除氧器之前的先期除氧设备；它还接受机组启停和正常运行中的疏水和甩负荷过程中旁路排汽，以收回热量和减少循环工质损失。

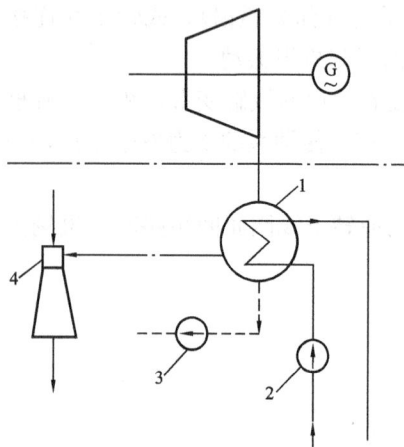

图 5-1　最简单的凝汽设备示意图
1—凝汽器；2—循环水泵；3—凝结水泵；
4—抽气器

2. 凝汽器的结构类型

目前火电厂和核电站广泛使用表面式凝汽器，其特点是冷却介质与蒸汽经过管壁间接换热，从而保证了凝结水的洁净。

(1) 表面式凝汽器的结构及工作过程。

(2) 表面式凝汽器的分类。

根据冷却介质不同，表面式凝汽器又分为空气冷却式和水冷却式两种。其中，水冷却式凝汽器应用得较广泛，因此，水冷却表面式凝汽器常简称为表面式凝汽器。空冷式凝汽器只在缺水地区使用。

根据冷却水流程不同，凝汽器可分为单流程、双流程、多流程凝汽器。

根据空气抽出口位置不同，即凝汽器中汽流流动形式不同，现代凝汽器分为汽流向心式和汽流向侧式两大类。

3. 机组运行时对凝汽设备的要求

为了保证完成凝汽器的任务，机组运行时对凝汽器提出了一些要求。

(1) 传热性能要好。凝汽器中蒸汽的饱和温度 t_s 和冷却水离开凝汽器的出口温度 t_{w2} 之差称为传热端差 δt，即 $\delta t = t_s - t_{w2}$。当 t_{w2} 一定时，δt 越小，t_s 越小，对应的汽轮机排汽压力越低，从而使得整机的理想焓降增加，机组的热效率提高。

为了提高机组的热经济性，应加强凝汽器的传热效果，尽量减少传热端差。具体措施主要包括：选择有较高传热系数的冷却水管，及时抽走积聚在冷却水管表面的空气，定期清洗凝汽器冷却水管，防止冷却水管结垢。

(2) 减小过冷度。当蒸汽进入凝汽器穿过上部铜管时大部分蒸汽凝结放热变成水珠，这部分水珠在下落的过程中，又被下部冷却水管进一步冷却。因此，凝结水的温度比凝汽器喉部压力下的饱和温度要低，其温差称为过冷度。一般过冷度为 0.5~1℃。

过冷度的大小直接影响机组的经济性，应尽量减少过冷度。

为保证凝结水温度接近排汽温度，消除凝结水过冷现象，现代凝汽器都设有专门的蒸汽通道，使部分蒸汽直接到达热井加热凝结水，这种结构称为回热式凝汽器。

(3) 减小汽阻和水阻。凝汽器入口处压力与抽气口处压力的差值称为凝汽器的汽阻。汽阻越大，则凝汽器入口压力越高，经济性越低。

凝汽器的水阻是指冷却水在流经凝汽器时所受的阻力。它由冷却水管内的沿程阻力、冷却水由水室进出冷却水管的局部阻力与水室中的流动阻力等部分组成。水阻越大，循环水泵耗功越大，故水阻应越小越好。

二、凝汽器的压力与传热

1. 凝汽器压力 p_c 的确定

在凝汽器中，蒸汽压力和其饱和温度 t_s 是相对应的，蒸汽的饱和温度 t_s 为

$$t_s = t_{w1} + \Delta t + \delta t$$

式中　t_{w1}——冷却水的进口温度；

　　　Δt——冷却水在凝汽器中的温升；

　　　δt——凝汽器的传热端差。

由上式可知，影响凝汽器压力的因素主要有三个方面。

(1) 冷却水的进口温度 t_{w1}。

t_{w1} 的大小取决于当地的气候和供水方式，在其他条件不变时，冬季 t_{w1} 低，则 t_s 也低，凝汽器压力低，真空高；夏季 t_{w1} 高，t_s 也高，真空低。循环供水时，t_{w1} 决定于冷水塔或喷水池的冷却效果。

（2）冷却水温升 Δt。

降低冷却水温升 Δt，可降低 t_s，Δt 由凝汽器热平衡方程式求得。

$$\Delta t = \frac{h_c - h'_c}{c_p D_w / D_c} = \frac{h_c - h'_c}{c_p m}$$

式中：$m = D_w / D_c$ 为凝汽器的冷却倍率。$(h_c - h'_c)$ 为 1kg 排汽凝结时放出的汽化潜热，在凝汽器排汽压力下，$(h_c - h'_c)$ 只有 2140～2220kJ/kg 左右，一般取其平均值约为 2180kJ/kg，于是有

$$\Delta t \approx \frac{2180}{4.187m} = \frac{520}{m}$$

由此可知，m 值越大，Δt 越小，真空越高。但 m 值越大，循环水泵功耗越大。经过技术经济比较，m 值一般在 50～120 之间。

（3）传热端差 δt。

由凝汽器的传热方程式可得

$$\delta t = \frac{\Delta t}{\exp\left(\dfrac{A_c K}{c_p D_w}\right) - 1}$$

由上式可知，传热端差由 A_c、K、D_w、Δt 确定。

2．凝汽器的极限真空和最佳真空

提高真空后所增加的汽轮机功率与为提高真空使循环水泵多消耗的厂用电之差达到最大值时的真空值称为最佳真空。

凝汽器的极限真空是指使汽轮机做功达到最大值的排汽压力所对应的真空。

3．凝汽器内空气的影响

进入凝汽器的空气来源：①由新蒸汽带入汽轮机的，由于锅炉给水经过除氧，该量极少；②通过汽轮机设备中处于真空状态下的低压各级与相应的回热系统、排汽缸、凝汽设备等不严密处漏入的，这是空气的主要来源。

设备严密性正常时，漏入凝汽器的空气不到排汽量的万分之一。虽然量小，但危害严重，主要表现在以下几个方面：

（1）空气使凝汽器真空下降；

（2）空气使凝结水过冷度增加；

（3）空气使机组运行的经济性下降；

（4）空气使凝结水含氧量增加。

4．真空除氧

为了减少凝结水中的含氧量，一般在大型机组的凝汽器内还专门设置了凝结水的除氧装置，一般在凝汽器内布置水封淋水盘式凝结水真空除氧装置。

一般真空除氧装置在大约 60％额定负荷以上工作时的除氧效果较好，满负荷效果最好。

但在低负荷和机组启动时，真空除氧效果较差。

5. 凝汽器的真空严密性

（1）凝汽器严密性对机组运行的影响。真空系统严密性下降，使漏入或积聚在凝汽器内的空气量增加，凝汽器的真空降低，传热效果降低，凝结水的含氧量增加，设备的腐蚀速度加快，蒸汽分压相对降低，其凝结水温度低于凝汽器内总压力所对应的饱和温度，过冷度增加。

当冷却水渗漏进凝汽器的汽侧以后，不仅使凝结水水质恶化，而且使过冷度增加。凝结水水质不合格会影响汽、水系统设备运行的安全，不仅传热效果降低，还使设备产生腐蚀损坏，缩短使用寿命，严重时，锅炉水冷壁管发生爆裂。

（2）真空系统严密性的检查。为了监视凝汽设备在运行中的严密性，要定期作真空严密性试验。

三、抽气设备

抽气设备按工作原理可分为射流式和容积式两大类。

（1）根据工作介质不同，射流式抽气器可分为射汽式和射水式两种。

（2）容积式抽气器分为水环式真空泵和机械离心式真空泵两种。

四、凝汽器的变工况及多压凝汽器

1. 主要因素改变对凝汽器压力影响

在凝汽器的变工况运行中，影响凝汽器真空的因素很多，其中 D_c、D_w、t_{w1} 是决定凝汽器压力的主要因素，这些因素的改变，导致了 Δt 和 δt 的变化。从而使 t_s 和凝汽器压力 p_c 改变。

（1）变工况下 Δt 的变化规律。

变工况下 Δt 表达式为

$$\Delta t = \frac{h_c - h_c'}{4.187 D_w / D_c} = a D_c$$

$$a = \frac{h_c - h_c'}{4.187 D_w}$$

当 D_w 不变时，由于 $(h_c - h_c')$ 变化很小，可近似看作常数，故 a 为常数，此时，Δt 正比于 D_c。

（2）变工况下 δt 的变化规律。

当 D_w 不变时，a 为常数，δt 的变化表达式为

$$\delta t = \frac{a}{\exp\left(\frac{A_c K}{c_p D_w}\right) - 1} D_c$$

凝汽器已制造好，A_c 不变。若 K 也不变，则 δt 与 D_c 成正比，也就是与 d_c（$d_c = D_c / A_c$ 称为比蒸汽负荷）成正比。

实验证明，当凝汽器负荷下降不大时，漏入空气量不变，δt 确实与 D_c 成正比。当蒸汽负荷下降较多时，汽轮机处于真空下的级数增多。凝汽器真空提高，漏入的空气量增大，K 减小，由上式可见 δt 增大。同时，D_c 减小使 δt 减小。两方面共同作用的结果，使 δt 下降缓慢或不变。另外，由于 t_{w1} 较小时，凝汽器真空较高，漏入空气量较大，K 减小，在相同

热负荷下使得 δt 较大。

（3）变工况凝汽器压力 p_c 的确定。

在 D_w 一定时，根据不同的 D_c 和 t_{w1}，可求出相应的 Δt 和 δt，由 $t_s = t_{w1} + \Delta t + \delta t$ 求得 t_s，查表得对应的饱和压力 p_s。在主凝结区，凝汽器压力 p_c 和蒸汽分压力 p_s 相差甚微。因此，凝汽器的压力就由 p_s 值确定。

2. 凝汽器的特性曲线

凝汽器压力 p_c 是随着 t_{w1}、D_w 和 D_c 的变化而变化的。我们把 p_c 随 t_{w1}、D_w 和 D_c 的变化规律称为凝汽器热力特性。它们之间的关系曲线称为凝汽器的特性曲线。凝汽器的特性曲线可以指导运行人员监视凝汽器的运行，确定汽轮机的最安全最合理的运行方式。

3. 多压凝汽器

凝汽器汽侧用密封隔板分隔为两个或多个汽室，冷却水串行流过各汽室，各汽室进口水温不同，形成不同的汽室压力，构成双压或多压式凝汽器。

气温高的地区（t_{w1} 高）、缺水地区（m 小）的机组更适宜采用多压凝汽器。冷却倍率越小，汽室数越多，采用多压凝汽器的效益越大。

多压凝汽器可将低压凝结水引入高压侧加热，以提高凝结水温，减小低压加热器的抽汽量，减小发电热耗率。为此，通常要进行低压汽室凝结水的回热。具体方法有两种：一种方法是将低压凝结水用泵打至高压汽室内特制的喷嘴中，使水雾化，充分与高压汽室蒸汽接触而被加热；另一种方法是将低压凝结水水位提高，从而克服两汽室的压差，依靠重力作用使低压凝结水自流到高压侧的底盘上，再由底盘下的许多小孔流出被蒸汽加热。

5.3　重点难点与学习建议

一、本章重点

（1）凝汽设备的作用及工作过程。

（2）凝汽器压力的确定，凝汽器极限真空和最佳真空的基本概念，凝汽器内空气的影响；凝汽器严密性对机组运行的影响，真空系统严密性的检查方法。

（3）抽气设备的工作原理和结构特点。

（4）影响凝汽器真空的主要因素，凝汽设备的热力特性。

（5）多压凝汽器的概念和特点。

二、本章难点

（1）凝汽器压力的确定。

（2）凝汽设备的热力特性。

（3）多压凝汽器。

三、本章学习建议

本章内容以凝汽器、抽气器的工作原理与特性为主体内容。其他的有：凝汽器与抽气器的一般结构，空气对凝汽器工作的影响，极限真空与最佳运行真空的概念，以及多压凝汽器的工作原理等。

凝汽设备是汽轮机装置的一个主要组成部分，它的工作好坏直接影响整个装置运行的安全性和经济性，因此对凝汽设备的工作原理及特性应有完整的理解。

凝汽器是一个热交换器，研究它的特性主要是以传热学知识为基础；抽气器有射流式和容积式两大类，现大机组应用较多的是容积式真空泵。汽轮机的实际排汽压力是在负荷变动后由凝汽器形成和抽气器维持的，因此凝汽器的压力在冷却水进口温度和冷却水量一定的条件下与凝汽器负荷建立了一定的关系。

1. 凝汽设备的作用与工作过程

凝汽设备的任务是将汽轮机的排汽凝结成洁净的凝结水，与此同时在汽轮机的排汽口建立并维持高度的真空值。蒸汽凝结成水，由于其体积骤然缩小，自然就形成了真空，这是凝汽器的本能；维持真空，应把漏入凝汽器内的不凝结气体不断抽出，这是抽气器的本能。所以学习本章内容时，首先需要了解凝汽设备的主要组成及其系统的工作原理。

关于表面式凝汽器部分，只有知道了表面式凝汽器的结构，才能理解其工作原理。

从机组运行对凝汽设备的要求角度掌握一些基本的概念如传热端差、凝结水过冷度、汽阻和水阻等。

2. 凝汽器的压力与传热

蒸汽是在饱和温度下凝结的，所以蒸汽的饱和温度就决定了凝汽器内的压力，根据凝汽器中蒸汽和冷却水温度沿冷却表面分布的关系可知，蒸汽饱和温度可用下式表示：

$$t_s = t_{w1} + \Delta t + \delta t$$

这是分析凝汽器压力的基本公式。只要分析讨论各种因素对 t_{w1}、Δt 和 δt 的影响，即可掌握影响凝汽器真空的因素。

设计中选择不同的 t_{w1}、Δt 和 δt，则有不同的设计真空。t_{w1} 由气候及冷却设备运行情况而定，一般无法人为调整。δt 的选择，从其表达式可知，如果在 Δt、K 以及 D_w 等同的条件下，只是增大凝汽器的冷却面积时，δt 则变小，真空提高，但冷却面积的增大，带来凝汽器造价的提高，所以在选择 δt 时要进行技术经济比较。Δt 的大小，从其表达式可知，当 t_{w1} 和凝汽负荷一定时，增大冷却水流量 D_w 可使 Δt 减小，提高了凝汽器的真空，汽轮机发出的功率相应得到增加，然而，循环水泵的耗功量也增大，当汽轮机增加的发电量与循环水泵增多的耗功量两者之差为最大时，真空才为最佳运行真空。

3. 抽气设备

汽轮机的排汽在凝汽器进口的压力等于抽气口压力与汽阻之和，对一定的凝汽器，汽阻变动是不大的，所以凝汽器的压力取决于抽气设备所建立的抽气压力，为使凝汽器有较好的真空，抽气设备必须建立较低的抽气压力。

射汽抽气器或射水抽气器都是由喷管和扩压管配合而工作的，无论是喷管或扩压管在偏离设计工况时，都将使抽气器的效率降低，影响凝汽器的压力。

水环式真空泵和机械离心式真空泵都需要定期补充冷水，以防工作水的流失和水温升高而影响抽气效率。

4. 凝汽器的变工况及多压凝汽器

在凝汽器的变工况运行中，影响凝汽器真空的因素很多，其中 D_c、D_w、t_{w1} 是决定凝汽器压力的主要因素，这些因素的改变，导致了 Δt 和 δt 的变化。从而使 t_s 和凝汽器压力 p_c 改变。

当 D_w 不变时，Δt 正比于 D_c。

实验证明，当凝汽器负荷下降不大时，漏入空气量不变，δt 与 D_c 成正比。当蒸汽负荷下降较多时，δt 下降缓慢或不变。另外，在 t_{w1} 较小时，在相同热负荷下使得 δt 较大。

凝汽器压力 p_c 是随着 t_{w1}、D_w 和 D_c 的变化而变化的。我们把 p_c 随 t_{w1}、D_w 和 D_c 的变化规律称为凝汽器热力特性。它们之间的关系曲线称为凝汽器的特性曲线。凝汽器的特性曲线可以指导运行人员监视凝汽器的运行，确定汽轮机的最安全最合理的运行方式。

根据多压凝汽器的定义，在单压凝汽器的蒸汽和冷却水温度沿冷却表面分布规律的基础上，来理解双压凝汽器的蒸汽和冷却水温度沿冷却表面分布规律，这样容易被自学者接受。学习的目的是：理解双压凝汽器的优点，获得多压凝汽器的平均真空比单压凝汽器高的必要条件。随着机组容量的增大，有的地区采用双压凝汽器的可能不断增多，读者应有一定的概念。

5.4　习题与参考答案

习　题

一、名词解释（解释下列概念）

1. 凝汽器传热端差
2. 凝结水过冷度
3. 凝汽器的汽阻
4. 凝汽器的水阻
5. 凝汽器的极限真空
6. 凝汽器的最佳真空
7. 多压凝汽器
8. 凝汽器的热力特性

二、填空题（将适当的词语填入空格内，使句子正确、完整）

1. 凝汽设备由＿＿＿＿、＿＿＿＿、＿＿＿＿、＿＿＿＿以及它们之间的连接管道和附件所组成。

2. 凝汽设备的主要作用有两方面：一是＿＿＿＿；二是＿＿＿＿。

3. 根据冷却介质的不同，表面式凝汽器分为＿＿＿＿和＿＿＿＿两种。

4. 根据冷却水流程不同，表面式凝汽器分为＿＿＿＿、＿＿＿＿和＿＿＿＿凝汽器。

5. 影响凝汽器压力的因素主要有三方面：① ＿＿＿＿；② ＿＿＿＿；③ ＿＿＿＿。

6. 进入凝汽器的空气来源：一是＿＿＿＿；二是＿＿＿＿。

7. 抽气设备按工作原理可分为＿＿＿＿和＿＿＿＿两大类。

8. 根据工作介质不同，射流式抽气器可分为＿＿＿＿和＿＿＿＿两种。

9. 容积式抽气器分为＿＿＿＿和＿＿＿＿两种。

10. 当冷却水入口温度和冷却水量一定时，凝汽器的压力随凝汽器蒸汽负荷的增加而＿＿＿＿。

11. 当凝汽器蒸汽负荷和冷却水量一定时，凝汽器的压力随冷却水入口温度的减小而_____。

三、判断题 [判断下列命题是否正确，若正确在（　　）内打"　"，错误在（　　）内打"×"]

1. 凝汽器的作用是建立并保持真空。（　　）

2. 正常运行中，抽气器的作用是维持凝汽器的真空。（　　）

3. 一般每台汽轮机均配有两台凝结水泵，每台凝结水泵的出力都必须等于凝汽器最大负荷时的凝结水量。（　　）

4. 射水式抽气器分为启动抽气器和主抽气器两种。（　　）

5. 汽轮机运行中，凝汽器入口循环水水压升高，则凝汽器真空升高。（　　）

6. 凝汽器的热负荷是指凝汽器内凝结水传给冷却水的总热量。（　　）

7. 汽轮机运行中当凝汽器管板脏污时，真空下降，排汽温度升高，循环水出入口温差减小。（　　）

8. 当冷却水入口温度和冷却水量一定时，凝汽器的压力随凝汽器蒸汽负荷的减小而减小。（　　）

四、选择题 [下列各题答案中选一个正确答案编号填入（　　）内]

1. 凝汽器内蒸汽的凝结过程可以看作是（　　）。

A. 等容过程；　　　　　　　　　　B. 等焓过程；

C. 绝热过程；　　　　　　　　　　D. 等压过程。

2. 凝汽器内真空升高，汽轮机排汽压力（　　）。

A. 升高；　　　　　　　　　　　　B. 降低；

C. 不变；　　　　　　　　　　　　D. 不能判断。

3. 抽气器的作用是抽出凝汽器中的（　　）。

A. 空气；　　　　　　　　　　　　B. 蒸汽；

C. 蒸汽和空气混合物；　　　　　　D. 空气和不凝结气体。

4. 汽轮机排汽温度与凝汽器循环冷却水出口温度的差值称为凝汽器的（　　）。

A. 过冷度；　　　　　　　　　　　B. 端差；

C. 温升；　　　　　　　　　　　　D. 过热度。

5. 淋水盘式除氧装置，设多层筛盘的作用是（　　）。

A. 为了掺和各种除氧水的温度；

B. 延长水在塔内的停留时间，增大加热面积和加热强度；

C. 为了变换加热蒸汽的流动方向；

D. 增加流动阻力。

6. 汽轮机凝汽器真空变化将引起凝汽器端差变化，一般情况下，当凝汽器真空升高时，端差（　　）。

A. 增大；　　　　　　　　　　　　B. 不变；

C. 减小；　　　　　　　　　　　　D. 先增大后减小。

7. 真空系统的严密性下降后，凝汽器的传热端差（　　）。

A. 增大；　　　　　　　　　　　　B. 减小；

C. 不变；　　　　　　　　　　　　　　D. 时大时小。

8. 抽气器从工作原理上可分为（　　　　）。

A. 射汽式和射水式；　　　　　　　　B. 液压泵与射流式；

C. 射流式和容积式真空泵；　　　　　D. 主抽气器与启动抽气器。

9. 在凝汽器内设空气冷却区是为了（　　　　）。

A. 冷却被抽出的空气；

B. 防止凝汽器内的蒸汽被抽出；

C. 再次冷却、凝结被抽出的空气、蒸汽混合物；

D. 用空气冷却蒸汽。

10. 汽轮机正常运行中，凝汽器真空（　　　　）凝结水泵入口的真空。

A. 大于；　　　　　　　　　　　　　B. 等于；

C. 小于；　　　　　　　　　　　　　D. 略小于。

五、问答题

1. 叙述凝汽设备的组成及工作过程。

2. 说明表面式凝汽器的结构及工作原理。

3. 分析影响凝汽器压力的因素。

4. 说明加强凝汽器传热的措施。

5. 叙述抽气设备的分类及工作原理。比较各抽气器的工作特点。

6. 何谓凝汽器的变工况？分析影响凝汽器变工况的主要因素。

7. 为什么要采用多压凝汽器？

⚛ 参考答案

一、名词解释（解释下列概念）

1. 凝汽器传热端差：汽轮机排汽温度与凝汽器循环冷却水出口温度的差值。

2. 凝结水过冷度：凝结水的温度比凝汽器喉部压力下的饱和温度低的数值。

3. 凝汽器的汽阻：凝汽器入口处压力与抽气口处压力的差值。

4. 凝汽器的水阻：冷却水在流经凝汽器时所受的阻力。

5. 凝汽器的极限真空：使汽轮机做功达到最大值时的排汽压力所对应的真空。

6. 凝汽器的最佳真空：提高真空后所增加的汽轮机功率与为提高真空使循环水泵多消耗的厂用电之差达到最大值时的真空值。

7. 多压凝汽器：凝汽器汽侧用密封隔板分隔为两个或多个汽室，冷却水串行流过各汽室，各汽室进口水温不同，形成不同的汽室压力，构成双压或多压式凝汽器。

8. 凝汽器的热力特性：p_c 随 t_{w1}、D_w 和 D_c 的变化规律。

二、填空题（将适当的词语填入空格内，使句子正确、完整）

1. 凝汽器，凝结水泵，抽气器，循环水泵

2. 在汽轮机排汽口建立并维持高度真空，保证蒸汽凝结并供应洁净的凝结水作为锅炉给水

3. 空气冷却式，水冷却式

4. 单流程，双流程，多流程

5. ①冷却水进口温度，②冷却水温升，③传热端差

6. 由新蒸汽带入汽轮机的，通过汽轮机设备中处于真空状态下的低压各级与相应的回热系统、排汽缸、凝汽设备等不严密处漏入的

7. 射流式，容积式

8. 射汽式，射水式

9. 水环式真空泵，机械离心式真空泵

10. 增加

11. 减小

三、判断题［判断下列命题是否正确，若正确在（　　）内打"✓"，错误在（　　）内打"✕"］

1. ✕；2. ✓；3. ✓；4. ✕；5. ✕；6. ✕；7. ✕；8. ✓。

四、选择题［下列各题答案中选一个正确答案编号填入（　　）内］

1. D；2. B；3. D；4. B；5. B；6. C；7. A；8. C；9. C；10. A。

五、问答题

1. 答：凝汽设备的组成：由凝汽器、凝结水泵、抽气器、循环水泵以及它们之间的连接管道和附件组成。

凝汽设备的工作过程：汽轮机的排汽排入凝汽器，其热量被循环水泵不断打入凝汽器的冷却水带走，凝结为水汇集在凝汽器的底部热井，然后由凝结水泵抽出送往锅炉作为给水。凝汽器的压力很低，外界空气易漏入。为防止不凝结的空气在凝汽器中不断积累而升高凝汽器内的压力，采用抽气器不断将空气抽出。

2. 答：原理：蒸汽与冷却水间接换热，保证凝结水的品质。

表面式凝汽器的结构如图 5-2 所示。冷却水管 2 装在管板 3 上，冷却水从进水管 4 进入凝汽器，先进入下部冷却水管内，通过回流水室 5 流入上部冷却水管内，再由冷却水出水管 6 排出。蒸汽进入凝汽器后，在冷却水管外汽侧空间冷凝。凝结水汇集在下部热井 7 中，由凝结水泵抽走。这样，凝汽器的内部空间被分为两部分，一部分是蒸汽空间，称为汽侧；另一部分为冷却水空间，称为水侧。

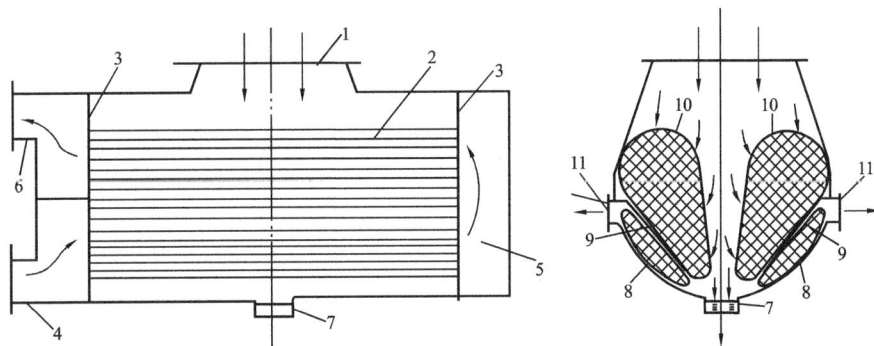

图 5-2　表面式凝汽器结构简图

凝汽器的传热面分为主凝结区 10 和空气冷却区 8 两部分，这两部分之间用隔板 9 隔开。蒸汽进入凝汽器后，先在主凝结区大量凝结，到达空气冷却区入口处时，蒸汽流量已大为减

少。剩下的蒸汽和空气混合物进入空冷区，蒸汽继续凝结。到空气抽出口处，蒸汽的分压力明显减小，所对应的饱和温度降低，空气和很少量的蒸汽得到冷却。空气被冷却后，容积流量减少，抽气器负荷减轻，抽气效果好。

3. 答：影响凝汽器压力的因素：冷却水的进口温度；冷却水温升；传热端差（汽气混合物对冷却水管外壁的热阻；管壁本身的热阻；冷却水对冷却水管内壁的热阻）。

4. 答：措施：增加冷却水管外总面积；增加冷却水量；选择有较高传热系数的冷却水管；及时抽走积聚在冷却水管表面的空气；定期清洗凝汽器冷却水管，防止冷却水管结垢。

5. 答：抽气设备按工作原理可分为射流式和容积式两大类。

喷射式抽气器的结构简单、工作可靠，维修方便，并能在短时间内（5～10min）建立起必要的真空。

容积式真空泵，能迅速建立真空，耗功小，效率高，但工作水温对其抽吸能力有较大影响。当水温升高时，水环泵抽吸能力下降，故运行时要保证工作水冷却器的正常运行。容积式真空泵系统较复杂。

6. 答：变工况：凝汽器真空偏离设计工况下的运行工况。

在凝汽器的变工况运行中，影响凝汽器真空的因素很多，其中 D_c、D_w、t_{w1} 是决定凝汽器压力的主要因素，这些因素的改变，导致了 Δt 和 δt 的变化。从而使 t_s 和凝汽器压力 p_c 改变。

7. 答：在一定条件下，多压凝汽器的平均折合压力低于单压凝汽器的压力，可提高机组的热经济性。

将低压凝结水引入高压侧加热，凝结水温升高，低压加热器的抽汽量减小，发电热耗率下降。

气温高的地区（高）、缺水地区（m 小）的机组更适宜采用多压凝汽器。

第 6 章

汽 轮 机 调 节

6.1 学 习 目 标 与 要 求

(1) 能讲述汽轮机调节系统的作用及组成。

(2) 能讲述汽轮机液压调节系统的工作原理。

(3) 能说出汽轮机液压调节系统的组成。

(4) 能讲述并能分析汽轮机液压调节系统及各机构的静态特性、衡量静态品质的指标、同步器的作用。

(5) 理解调节系统动态特性。

(6) 能分析中间再热式汽轮机调节特点。

(7) 理解汽轮机功频电液调节系统的工作原理及应用。

(8) 能分析汽轮机功频电液调节系统的静态特性。

(9) 能理解汽轮机功频电液调节系统的反调现象,并能分析反调现象产生的原因及消除措施。

(10) 能讲述汽轮机数字电液调节系统的组成。

(11) 能讲述汽轮机数字电液调节系统的功能、运行方式及其控制模式。

(12) 能讲述汽轮机数字电液调节系统的基本工作原理及其应用。

(13) 能分析汽轮机数字电液调节系统的静态特性。

(14) 能分析汽轮机数字电液调节系统的动态特性。

(15) 能讲述汽轮机电液调节系统主要部件的工作原理及结构特点。

(16) 能讲述汽轮机保护系统的组成。

(17) 能讲述汽轮机保护系统的各项功能、保护动作数值及其控制方式。

(18) 能讲述汽轮机供油系统的组成,并能说出供油系统主要设备的作用。

6.2 基 本 知 识 点

一、汽轮机调节的任务与类型

1. 汽轮机调节的任务

电力用户对电力的供应有一定量和质的要求。

量的要求:电能无法大量储存,而电力用户对电能的需要是随时变化的,因此要求汽轮发电机组能够随时按用户的电量需要来调整功率。

质的要求:一是供电电压;二是供电频率。

汽轮发电机组具有自平衡特性,虽然靠机组的自平衡能力也能达到新的稳定工况,但由于转速与原工况偏离较多,不能保证供电的质量,故必须设置调节系统,来改变汽门开度,使汽轮机功率与外界负荷相适应,同时保证供电质量。

汽轮机调节系统的任务是及时调整汽轮机的功率,使它能满足外界负荷变化的需要,同时保证转速在允许的范围内。

2. 汽轮机调节的类型

汽轮机调节系统按其结构特点可划分为两种类型，即液压调节系统和电液调节系统。

液压调节系统主要由机械部件与液压部件组成，主要依靠液体作工作介质来传递信息，根据机组转速的变化来进行自动调节。这种调节系统的调节精度低，反应速度慢，运行时工作特性是固定的，不能根据转速变化以外的信号调节需要来作及时调整，而且调节功能少。但是它的工作可靠性高且能满足机组运行调节的基本要求。

电液调节系统由电气部件、液压部件组成。电气部件测量与传输信号方便，并且信号的综合处理能力强，控制精度高，操作、调整与调节参数的修改又方便。液压部件用作执行器（调节汽阀驱动装置）时充分显示出响应速度快、输出功率大的优越性，是其他类型执行器所无法取代的。

电液调节系统可分为功频电液调节系统和数字电液调节系统两种类型。

（1）功频电液调节系统。早期的电液调节系统是以模拟电路组成的模拟计算机为基础的，引入了功率、频率两个控制信号的电液调节系统，常称为功频电液调节系统，又被称为模拟电液调节系统，也称功频模拟电液调节系统。

（2）数字电液调节系统。随着数字计算机技术的发展及其在电厂热工过程自动化领域中的应用，开发了以数字计算机为基础的数字式电液调节系统，也可简称为数字电调（Digital Electro-Hydraulic Control，DEH）。早期的数字电调系统大多以小型计算机为主机构成；后期随着微机的出现以及微机技术的发展，数字电调系统改用以微机为主机，因此可称为微机型数字电调系统。

二、液压调节系统

1. 典型液压调节系统的工作原理

液压调节系统由转速感受机构或称调节机构（调速器）、阀位控制机构（液压伺服机构或称传动放大机构）、配汽机构和调节对象等四部分组成，其中前三个机构组成调节设备。

（1）高速弹性调速器液压调节系统。该系统的转速感受机构由高灵敏度的高速弹性调速器、差动活塞、杠杆，调速器滑阀等组成。阀位控制机构由油动机滑阀、油动机以及反馈滑阀等组成。配汽机构由传动杠杆和调节汽阀组成。

（2）径向泵液压调节系统。该系统的转速感受机构由径向泵、压力变换器等组成。阀位控制机构由滑阀、油动机、反馈油口等组成。配汽机构由调节汽阀及调节汽阀与油动机之间的传动杠杆等组成。

（3）旋转阻尼液压调节系统。该系统的转速感受机构由旋转阻尼、放大器、继动器等组成。阀位控制机构由滑阀、油动机、反馈杠杆、静反馈弹簧、动反馈弹簧等组成。配汽机构由调节汽阀及调节汽阀与油动机之间的传动杠杆等组成。

2. 液压调节系统的静态特性

在稳定运行工况下，调节系统的输入转速与调节系统的输出功率之间的关系称为调节系统的静态特性。这种功率与转速的静态对应关系描绘成的曲线称为液压调节系统的静态特性曲线。

　　通过计算或试验得到各组成部分的静态特性曲线后，用合成法作图即可获得整个调节系统的静态特性曲线。具体方法是：沿着调节信号的传递方向，根据静态参数对应规律，在四象限图的第二、三、四象限中分别绘出转速感受机构、阀位控制机构、配汽机构及调节对象的静态特性曲线，然后根据投影原理，将这三条曲线合成为第一象限内的汽轮机功率与转速关系曲线，即为液压调节系统静态特性曲线。如图 6-1 所示。

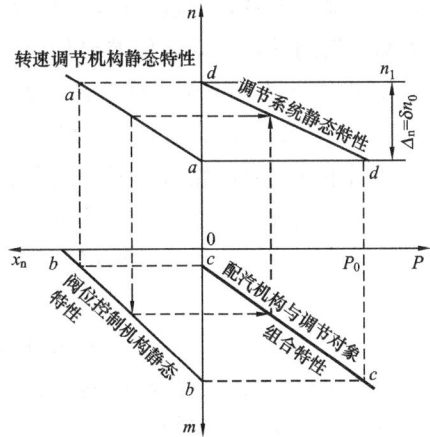

图 6-1　液压调节系统四象限图

　　评价调节系统静态特性曲线的指标有两个即转速变动率和迟缓率。

　　转速变动率对机组运行的影响：①影响机组的一次调频能力，在电网负荷变动时，转速变动率大的机组功率的相对变化量小，而转速变动率小的机组功率的相对变化量大；②影响机组运行的稳定性；③影响机组甩负荷时的超速。

　　迟缓率对机组运行的影响：①机组单机运行时，迟缓率会引起转速自发变化（即转速摆动），最大摆动量为 $\Delta n_e = \varepsilon n_0$；②机组并网运行时，转速取决于电网频率，迟缓率会引起功率自发发生变化（即功率飘移），功率飘移量的大小与迟缓率成正比，与转速变动率成反比。

　　3. 同步器的用途与调节范围

　　同步器有以下两个用途。

　　(1) 调整单机运行机组的转速。操作同步器，可以改变某个机构调节参数之间的对应关系，使调节系统静态特性线产生平移。

　　(2) 调整并网运行机组的功率。操作同步器连续平移静态特性曲线，就能连续增减并网机组的负荷。同步器起着"功率给定"作用。

　　同步器的调节范围是指操作同步器能使调节系统静态特性线平行移动的范围。设置同步器的目的之一是为了调整并网机组的功率，所以静态特性曲线移动的范围应该是满足机组顺利地加载到满负荷和卸到空负荷的要求，不仅在正常周波和额定蒸汽参数时满足，而且在电网周波和蒸汽参数在允许范围内变化情况下也能满足。同步器的调节范围一般取为（95%～107%）n_0。

　　4. 液压调节系统的动态特性

　　调节系统动态特性描述的是调节系统受到扰动后，被调量随时间的变化规律。研究调节系统动态特性的目的是：判别调节系统是否稳定，评定调节系统调节品质以及分析影响动态特性的主要因素，以便提出改善调节系统动态品质的措施。

　　动态特性指标：①稳定性；②超调量；③过渡过程时间。

　　影响调节系统动态特性的因素：①转子飞升时间常数 T_a，甩负荷时 T_a 越小，转子的最大飞升转速越高，而且过渡过程的振荡加剧；②中间容积时间常数 T_V，当中间容积越大、中间容积压力越高时，中间容积时间常数 T_V 越大，表明中间容积中储存的蒸汽量越多，其做功能力越大，甩负荷时，虽然主蒸汽调节汽阀已迅速关小，但中间容积的蒸汽仍继续流进汽轮机，压力势能在释放，使汽轮机转速额外飞升也就越大；③转速变动率 δ，δ 大时，转速动态超调量小，动态稳定性好，但 δ 大时，转速静态偏差大；④油动机时间常数 T_m，油动机时间常数 T_m 越大，则调节汽阀关闭时间越长，调节过程的动态偏差越大，转速过渡过程曲线摆动幅度越大，过渡过程时间越长，因而调节品质越差；⑤迟缓率，甩负荷时不能及时使调节汽阀动作，动态偏差要加大。

5. 中间再热对汽轮机调节系统的影响

(1) 采用单元制的影响。①机炉动态特性差异的影响，中间再热机组均采用一机配一炉的单元制布置，而汽轮机与锅炉的动态特性差异较大，在较大的外界负荷扰动下，造成的主汽参数波动就较大；②机炉最低负荷的不一致，锅炉稳定燃烧的最低负荷为 30%～50%，而汽轮机的空载汽耗量仅为额定值的 5%～8%，甚至可小到 2%，这就是单元机组中出现机炉之间最小负荷的不一致，因此，在汽轮机空负荷或低负荷运行时，应设法处理锅炉的多余蒸汽；③再热器的冷却问题。中间再热器处于锅炉烟道中烟温较高的区域，需要有足够大的蒸汽量冷却其管道，而汽轮机的空载汽耗量通常小于再热器的最小冷却流量，因此必须考虑在机组启动过程中对中间再热器的保护问题。

(2) 中间再热容积的影响。再热器的容积很大，造成中间再热容积时间常数 T_V 很大，当外界负荷要求增加机组功率时，调节系统将把调节汽阀开大，流量增加，高压缸功率随之增加较快，而中低压缸受中间再热容积的影响，其功率增加较慢，即产生功率滞后现象，降低了一次调频能力。此外，甩负荷时中间再热容积内蒸汽易使机组超速。为了增加中间再热机组的一次调频能力即负荷适应性，需要高压调节阀动态过开；为了防止甩负荷时超速，需要在中压缸前设置再热主汽阀和再热调节汽阀；为了解决汽轮机空载流量与锅炉最低负荷不一致的矛盾，同时为了保护再热器，中间再热式机组需设置旁路系统。

三、功频电液调节系统

功率—频率电液调节系统是指系统中采用转速和功率两个控制信号，测量和运算采用电子元件，而执行机构仍用油动机的调节系统，简称功频电调。

1. 功频模拟电液调节的工作原理

(1) 转速调节回路。

转速调节回路应用于单机运行情况，在机组启动时升速、并网和在停机（包括甩负荷）过程中控制转速。

转速反馈信号由装于汽轮机轴端的磁阻发信器测取并转换成电压，然后与转速给定电压进行比较，再经频差放大器放大后，送往综合放大器、PID（比例、积分和微分）调节器、功率放大器、电液转换器，再经继动器、错油门和油动机后去控制调节汽阀。电液转换器以前的电气部分用模拟电子硬件实现，以后的液压部分与液压调节系统的相应部分基本相同。

(2) 功率调节回路。

机组在电网中不承担调频任务时，频差放大器无输出信号，机组由功率调节回路进行控制。

由于汽轮机功率的测取比较困难，在功频电调中一般都采用测量发电机功率的方法。通过霍尔测功器测出与发电机功率对应的电压后，再与给定电压比较，经功差放大器放大并经综合放大器放大后，输至 PID 调节器，最后控制调节汽阀。该回路也是定值调节系统。

(3) 功率—频率调节回路。

当汽轮机参与一次调频时，调节系统构成了功率频率调节回路，此时功率调节回路和转速调节回路均参与工作，是一种功率跟随频率的综合调节系统。此时，两调节回路既有自身的动作规律，又有协调动作的过程，频差信号 $U_{\Delta n}$ 和功差信号 $U_{\Delta P}$ 在综合放大器内进行比较。稳态时频差输出 $U_{\Delta n}$ 和功差输出 $U_{\Delta P}$ 应大小相等、极性相反，所以综合放大器的输出为零，系统趋于稳定。

(4) 甩负荷过程。

在一般液压调节系统中，当出现甩负荷（假定甩满负荷）事故时，由于主同步器仍置于满负荷位置未变，所以静态特性位置不变，甩负荷时的最大转速为 $n_{\max}=(1+\delta)n_0+\Delta n_{\max}$（$\Delta n_{\max}$ 为超调量）。在功频电液调节系统中，由于甩负荷时可利用油开关跳闸信号通过继电器切除功率给定的输出，因而使功率给定值有额定值瞬间变为零，又由于实际功率为零，故功率偏差信号为零，系统进入纯调速系统，机组的最后稳定转速必然等于给定的额定转速。

2. 功频电液调节系统反调现象的产生及消除

当外界负荷突变时，例如，电网故障造成发电机功率突然大幅度减小时，功频电液调节系统通过调节器作用后驱使调节汽阀开大，引起汽轮机功率增大，这显然与所希望的功率调节方向相反，即产生了功率反调现象。

功率反调现象产生的原因：汽轮机转速变化是由转子不平衡力矩所引起的，由于转子存在惯性等原因，造成转速信号瞬时变化很小，即转速变化信号落后于功率变化信号。除此之外，还有一个原因是在动态过程中，发电机功率 P_{el} 与汽轮机功率 P_i 不相等，而功率反馈信号取自于发电机。在动态过程中用发电机功率信号代替汽轮机功率信号时，少了一项反映转子动能改变的转速微分信号。

为了预防反调现象发生，通常设置如下动态校正元件：①转速一次微分器；②带惯性延迟的测功器；③功率负微分器。

四、数字电液调节系统

1. 数字电液调节系统的方框图

图 6-2 为数字电液调节系统的方框图，它也是一种功率频率调节系统，与模拟电调相比较，其给定、综合比较部分和 PID（或 PI）的运算部分，都是在数字计算机内进行的。由于计算机控制系统是在一定的采样时刻进行控制的，所以，两者的控制方式完全不同，模拟电调属于连续控制，而数字电调则属于离散控制，也称采样控制。

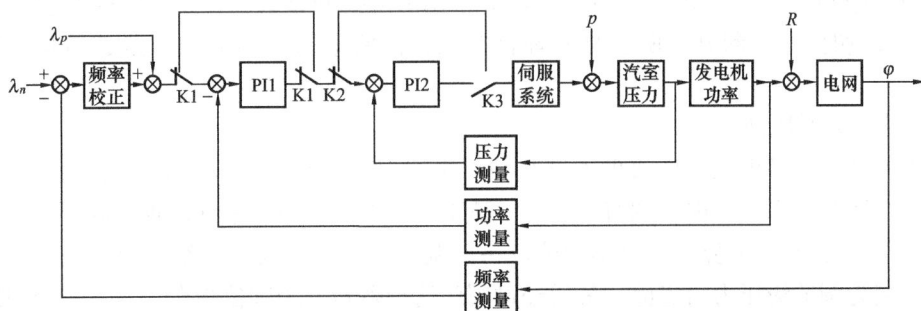

图 6-2 数字电液调节系统的方框图

2. 数字电液调节系统的组成

数字电液调节系统主要由五大部分组成：①电子控制器；②操作系统；③油系统；④执

行机构；⑤保护系统。

3. 数字电液调节系统可实现的功能

数字电液调节系统有四大功能：①汽轮机自动程序控制（Automatic Turbine Control，ATC）功能；②汽轮机的负荷自动调节功能；③汽轮机的自动保护功能；④机组和 DEH 系统的监控功能。

4. 数字电液调节系统的运行方式

数字电液调节系统设有四种运行方式，机组可在其中任何一种方式下运行，其顺序和关系是：二级手动、一级手动、操作员自动、汽轮机自动 ATC，紧邻两种运行方式相互跟踪，并可做到无扰切换。此外，居于二级手动以下还有一种硬手操，作为二级手动的备用，但两者无跟踪，需对位操作后才能切换。

5. 数字电液调节系统的控制模式

数字电液调节系统具有两种控制模式，其中又可细分成许多具体的控制方式。

（1）主汽阀（TV）控制模式。主汽阀控制有两种控制方式：①主汽阀自动（AUTO）方式；②主汽阀手动方式。

（2）调节汽阀（GV）控制模式：①调节汽阀自动（AUTO）方式；②调节汽阀手动方式。

6. 数字电液调节系统的工作原理

汽轮机电液调节系统的基本控制功能有两个，其一是单机运行时的转速控制，其二是并列运行时的功率控制。对于定压运行的汽轮机来说，无论是转速控制还是功率控制，主要都是通过改变蒸汽阀开度来调节进汽量的，从而达到调节的目的。

（1）转速调节原理。

汽轮机在机组并网前，必须将转速由零提升到额定转速附近，为机组并网创造条件。为了提高升速过程的安全性、经济性，减少设备的寿命损耗，通常采用多阀组合式升速控制方案。

以引进技术生产的 300MW 机组为例分析转速调节原理。

1）转速给定值扰动下的转速调节。在自动控制方式下，系统的转速调节主回路与两个阀位控制子回路均为闭环控制结构。

2）手动转速阀位指令扰动下的转速调节。在手动控制方式下，系统的转速调节主回路在自动/手动切换点处断开，所以是开环控制结构。两个阀位调节子回路必须是闭环控制结构。

（2）功率调节原理。

功率调节系统是由三个串级的回路构成，通过对高压调节汽阀的控制来控制机组的功率。这三个回路分别是：内环调节级压力（IMP）回路、中环功率（MW）调节回路和外环转速（WS）一次调频回路。负荷给定值经一次调频修正后变为功率给定值，经功率校正器修正后，变为调节级压力给定值，最后经过阀门管理器转换为阀位指令信号。三个回路可以有自动或手动两种运行方式的选择，为此可以构成各种运行方式如阀位控制、定功率运行、功—频运行、纯转速调节等。

1）功率控制策略。分为三种：采用多回路综合控制，采用多信号综合控制，采用调节汽阀阀门管理技术。

2) 功率调节原理。

DEH-Ⅲ调节系统可接受四种功率扰动信号：一是外界负荷扰动信号，二是自动控制方式下的功率给定值扰动信号，三是内部蒸汽参数扰动信号，四是手动控制方式下的手动功率阀位指令信号。

外界负荷扰动下的功率调节。若系统的三个主环（即三个主回路）及相应的子环（即阀位控制子回路）均为闭环控制结构，则系统处于功频调节方式。以负荷增加为例分析其调节过程。

功率给定值扰动下的功率调节。在自动控制方式下，系统的三个主环及相应的子环均为闭环控制结构。以功率给定值增加为例分析其调节过程。

内部蒸汽参数扰动下的功率调节。液压调节系统不具备抗内扰能力，在蒸汽参数变化时，如主汽压力、主汽温度、排汽压力变化等，机组的功率就会自动飘移。在电液调节系统中，当内环、中环投入时，系统具有抗内扰能力，蒸汽参数的变化不会影响功率的稳定性。以主汽压力在允许范围内降低为例分析其功率稳定的过程。当系统的中环断开时，虽然可以依靠内环来抗内扰，但不能精确的维持功率不变。当系统的内环断开时，虽然可以依靠中环来抗内扰，精确的维持功率不变。但调节的过渡过程时间长些。

手动功率阀位指令扰动下的功率调节。在手动控制方式下，系统的三个主回路均在自动/手动切换点断开，所以全是开环结构，阀位控制子回路必须是闭环结构。当需要改变机组功率时，通过手动直接发出功率阀位指令信号。由于机组处于并列运行方式，所以此时的阀位指令即为手动发出的功率给定值扰动信号。其调节过程与手动转速阀位扰动下的转速调节过程基本相同，不同的仅为调节结果是改变了机组功率而不是转速。

（3）汽轮机自动控制（ATC）。

通过数据检测装置，采集汽轮机有关点的温度参数，按照专门的计算程序计算出高压转子、中压转子实际应力，然后将它与许用应力进行比较，得其差值，再将它转换为转速或功率目标值和相应的变化率，通过系统控制来改变机组转速或功率，最终使转子应力水平控制在允许值范围内。

7. 数字电液调节系统的特性

对调节系统的正确要求应该是在满足静态特性要求的前提下，具有尽可能好的动态特性。

（1）调节系统的静态特性。

DEH 调节系统的静态特性曲线如图 6-3 所示，从图中可看出以下几点：①由于 DEH 系统采用了转速和功率反馈信号，系统具有功率—频率的静态特性（曲线1），且有良好的线性关系；②运行中变更功率给定值 λ_P，可使特性曲线平移（曲线2），从而实现二次调频，保证频率稳定；③转速不灵敏区可根据需要确定，当 Δn 取的足够大时，机组不参与一次调频，其出力只随功率设定值而变化（曲线3），图中为一垂线；④频率校正环节的放大倍数 K 反映了系统的速度变动率，改变 K 可以改变特性曲线的斜率；同时改变 K 和 Δn 可以改变斜率和纵切

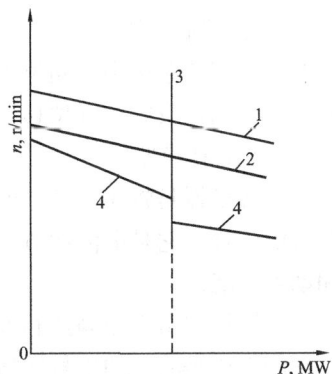

图 6-3　DEH 调节系统
的静态特性曲线

距（曲线4），从而获得不同的系统特性。

（2）DEH调节系统的动态特性。

由于DEH调节系统具有多种运行方式、多种控制手段和多种控制规律，按不同方式运行会有不同的动态特性。

通过分析，认为：①DEH系统在串级PI方式运行时动态品质最好，应作为基本运行方式；②为避免反调，机组甩负荷时功率给定必须切除，此时机组能稳定在给定转速上，有利于重新并网；③中间再热容积对机组转速的影响很大，机组甩负荷时，除立即关闭高压汽阀外，同时关闭中压汽阀也至关重要。

五、电液调节系统的主要装置

电液调节系统主要由四部分组成即电子调节装置、阀位控制装置（电液伺服装置）、配汽机构、调节对象。在DEH中，电子调节装置中的各电子调节器采用数字量传送信号，在输入、输出接口处采用必要的模/数转换器和数/模转换器。

1. 电子调节装置

（1）转速测量器件。转速测量器件主要由磁阻发讯器与频率（转速）变送器组成。它的作用是将转速信号转变为直流电压模拟信号后发送给DEH。

（2）功率测量器件。功率用霍尔测功器测量。

（3）频差校正器。频差是指电网实际频率与额定频率之差，变换成转速后，是汽轮机实际转速与额定转速之差Δn。频差校正器采用比例调节规律（P）。通常，频差校正器采用可调的死区—线性—限幅校正方式。死区的大小、特性线斜率、限幅值均可调整。

设置死区有两个用途：一是当设置的死区较小时，可以过滤掉转速小扰动信号，使机组功率稳定；二是当设置的死区较大时，使机组不参与电网一次调频，只带基本负荷。

当转速偏差信号越过较小的死区而参与一次调频时，校正量与转速偏差量之间呈线性关系。当转速偏差量超过一定范围时，中间再热机组的负荷适应能力因受锅炉动态特性的限制而采取限幅措施。

（4）功率校正器。在DEH-Ⅲ型调节系统中功率校正器采用了比例—积分调节规律（PI）。

（5）调节级压力校正器。在DEH-Ⅲ型调节系统中，调节级压力校正器采用了比例—积分调节规律（PI）。

2. 阀位控制装置

在电液调节系统中，阀位控制装置也被称作电液伺服装置，它主要有阀位控制器、电液转换器、油动机及阀位（位移）反馈测量元件等组成。

（1）电液转换器。

电液转换器是将阀位偏差电信号经过转换放大而成为液压信号（调节油压），以此控制油动机的位移。它是电液调节系统中的一个关键部件，要求具有较高的精度、线性度、灵敏区和动态性能。

电液转换器由力矩马达和液压放大两部分组成。力矩马达有动圈式和动铁式两种基本类型，它的作用是将电的信号转换成为机械位移信号。液压放大部分从结构上分为断流式（或滑阀式）和继流式（或称碟阀式）两种，它的作用是将机械位移信号放大并输出液压信号。力矩马达和液压放大的不同配合，就得到电液转换器的不同结构类型：动圈式电液转换器；

动铁式电液转换器；蝶阀型电液转换器。

（2）油动机。

油动机用作调节信号的最后一级放大，油动机活塞位移用来控制调节汽阀的开度，要求输出功率大。

油动机按进油方式分为两种：一种是双侧进油式，另一种是单侧进油式。

油动机有两个重要指标：一是提升力，二是时间常数。

在相同几何尺寸及油压条件下，双侧进油式油动机时间常数小于单侧进油式油动机时间常数。但是，双侧进油式油动机时间常数受主油泵容量的限制而难以进一步减小，而单侧进油式油动机只要弹簧设计合理、滑阀的排油口足够大，就能将时间常数减小到需要的数值。使用单侧进油式油动机对提高调节系统稳定性、可靠性以及甩负荷性能都有益处。

3. 配汽机构

改变调节汽阀阀位（开度）可以调整汽轮机的进汽量。油动机可以直接驱动调节汽阀也可通过传动机构来间接驱动调节汽阀。调节汽阀及其传动机构被统称为配汽机构。

（1）驱动调节汽阀的传动机构。

驱动调节汽阀的传动机构有三种：提板式、杠杆式、凸轮式。常用的是后两种。

（2）调节汽阀。

按阀芯的数量可将调节汽阀分成单阀芯式和双阀芯式两种。单阀芯式，其结构简单，但所需要的提升力大，一般只在中、小型汽轮机上使用。现代大型汽轮机调节汽阀均采用双阀芯式，所谓双阀芯是指调节汽阀具有一个主阀芯和一个预启阀芯。

经过阀门的蒸汽流量与阀门升程的关系称为阀门的升程流量特性，它影响着调节系统的品质和机组运行的稳定性。

在多阀联合运行时，要求阀门在开启时有一定的重叠度（前一阀尚未完全开启，后一阀便提前打开，这提前开启的量，称为阀门的重叠度）。重叠度不是指阀门几何上的重叠而是指压力的重叠。

（3）升程——提升力特性。

开启阀门所需要的力称为提升力，反映升程与提升力关系的特性称为提升力特性。阀门所需的提升力大小与阀门的相对升程（升程与阀门公称直径之比）、阀门前后压比有关。

例如单座球形阀的升程——提升力特性。当阀门开度 $L=0$ 时，由于阀门前后压差最大，所以所需的提升力最大。随着阀门升程的增加，阀后压力逐渐增大，阀门前后压差逐渐减小，所以提升力逐渐减小。

4. DEH-Ⅲ型调节系统的电液伺服执行机构

在 DEH 调节系统中，数字部分的输出，经过数/模转换后，进入电液伺服执行机构，该机构由伺服放大器、电液转换器、油动机及其位移反馈（LVDT）组成，是 DEH 的放大和执行机构。

各油动机及其相应的汽阀称为 DEH 系统的执行机构，引进型 300MW 机组 DEH 调节系统有 12 个这种机构（中压主汽阀 2 个、中压调节阀 2 个；高压主汽阀 2 个、高压调节汽阀 6 个），由于其调节对象和任务的不同，其结构型式和调节规律也不相同，但从整体看，它们具有以下相同的特点：①所有的 DEH 系统的执行机构或称控制系统都有一套独立的汽阀、油动机、电液伺服阀（开关型汽阀例外）、隔绝阀、止回阀、快速卸载阀和滤油器等，各自独立执行任务；②所有的油动机都是单侧油动机，其开启依靠高压动力油，关闭靠弹簧力，这是一种安全型机构，例如在系统漏"油"时，油动机向关闭方向动作；③执行机构是一种组合阀门机构，在油动机的油缸上有一个控制块的接口，在该块上装有隔绝阀、快速卸载阀和止回阀，并加上相应的附加组件构成一个整体，成为具有控制和快关功能的组合阀门机构。

（1）高压主汽阀和调节汽阀的组合机构。

高压主汽阀（TV）和高压调节汽阀（GV）是一种控制型的阀门机构，运行时可以根据需要将汽阀控制在任意的中间位置上，其调节规律是蒸汽流量与阀门的开度成正比。

控制型汽阀的主要组成部件有电液伺服阀、快速卸载阀、隔绝阀、逆止阀、LVDT等。

（2）中压主汽阀的组合机构。

中压主汽阀也称再热蒸汽主汽阀，它只在全开和全关两个位置，属于开关型汽阀。

中压主汽阀组合机构的主要组成部件是：油缸、控制块、电磁阀、溢流阀、隔绝阀、逆止阀（2个）等，其组成与上述高压调节阀类似，但由于它是一种开关型执行机构，没有控制功能，因此具有不同的特点：①由于没有控制功能，所以不必装设电液伺服阀及其相应的伺服放大器；②增设1个二位二通电磁阀，用于开关中压主汽阀，以及定期进行阀杆的活动试验，保证该阀处于良好的工作状态。当电磁阀动作时，能迅速地泄去中压主汽阀的危机遮断油，使快速卸载阀动作，紧急关闭主汽阀。

（3）中压调节阀的组合机构。

中压调节汽阀（IV）也称再热蒸汽调节汽阀，是一种控制型的执行机构，可在它的控制范围内，把阀门控制在所需要的任意中间位置上，并能按比例进行调节。其控制原理与组合机构同高压调节阀基本一致。

六、危急遮断保护系统和供油系统

1. 危急遮断保护系统

（1）电气危急遮断保护系统。

电气危急遮断保护系统分两种情况。一是在机组运行中，为防止部分设备失常造成机组严重损坏，装有自动停机危急遮断系统（AST），当发生异常情况时，关闭所有进汽阀，立即停机。二是超速保护遮断控制系统（OPC），使高压调节汽阀及中压调节汽阀（再热调节汽阀）暂时关闭，减少汽轮机进汽量及功率，但不能是汽轮机停机。因此机组设有相应的自动停机危急遮断油路（AST油路）和超速保护控制油路（OPC油路）。OPC油路仅控制高压调节阀和中压调节阀，AST油路控制高压主汽阀和中压主汽阀并通过OPC油路控制高压调节阀和中压调节阀。

引进技术生产的300MW汽轮机DEH调节系统的电气危急遮断保护系统有两个OPC电磁阀、四个AST电磁阀、两个逆止阀和空气引导阀等组成。

300MW机组的危急跳闸装置（ETS）监视的项目和控制参数为：①超速保护。转速达到 $110\%n_0$ 时遮断机组；②轴向位移保护；以轴向位移的定位点3.56mm为基准，机头方向超过2.54mm或发电机方向超过4.57mm时，遮断机组，这种限定意味着极限位移离基准位置的两侧各有1mm左右；③轴承供油低油压和回油高油温保护，轴承供油油压低到34.47～48.26kPa时遮断机组；④EH（抗燃）油低油压保护，EH油压低到9.31MPa时遮断机组；

⑤凝汽器低真空保护，汽轮机的排汽压力高于 20.33kPa 时遮断机组。

此外，DEH 系统还提供一个可接受所有外部遮断信号的遥控遮断接口，以供运行人员紧急时使用。

(2) 机械超速危急遮断系统。

机械超速遮断装置由机械超速保安器与机械超速遮断滑阀两部分组成。机械超速保安器实质上是转速超限时的危急信号发送器，按其结构特点可分为飞锤式和飞环式两种。

当转速超过危机保安器的动作转速时，飞锤或飞环向外飞出，通过传动机构，将机械超速遮断滑阀打开，使机械脱扣油母管与排油管接通，使机械脱扣油母管中的油压快速下跌，使汽轮机紧急停机。实际上机械脱扣油母管中的油压快速下跌，是通过隔膜阀泄掉高压抗燃油使汽轮机紧急停机的。

2. 供油系统

供油系统的主要作用是：①供给轴承润滑系统用油，在轴承的轴瓦与转子的轴颈之间形成油膜，起润滑作用，并通过油流带走由摩擦产生的热量和由高温转子传来的热量；②供给调节系统与危急遮断保护系统用油，供油系统的可靠工作对汽轮机的安全运行具有十分重要的意义；一旦供油中断，就会引起轴颈烧毁重大事故。

供油系统按工作介质可分为采用汽轮机油的供油系统和采用抗燃油的供油系统。

(1) 采用汽轮机油的供油系统。

根据供油系统中主油泵的类型不同，采用汽轮机油的供油系统又可分为具有容积式油泵的供油系统和具有离心油泵的供油系统两大类。现对大型汽轮机来说采用较多的是离心油泵的供油系统。

离心油泵的供油系统主要有主油泵、注油器、高压油泵、交直流润滑油泵、冷油器、滤油器、过压阀等部件和相连接的管道所组成。

(2) 采用抗燃油的供油系统。

为了提高控制系统的动态响应品质，大容量汽轮机组普遍采用了抗燃油。抗燃油是一种三芳基磷酸酯的合成油，它具有良好的润滑性能、抗燃性能和流体稳定性，自燃点为 560℃以上。因而在事故情况下，当有高压动力油泄漏到高温部件上时，发生火灾的可能性大大降低。但抗燃油价格昂贵，且有一定腐蚀性，并对人体健康有影响，不宜在润滑系统内使用，因而设置单独的抗燃油供油系统，常称为 EH（Electric Hydrolic）油系统。

国产优化引进型 300MW 机组的 EH 油系统主要由 EH 油箱、高压油泵、控制单元、蓄能器、过滤器、冷油器、抗燃油再生装置及其他有关部套组成。系统的基本功能是提供电液控制部分所需的压力油，驱动伺服执行机构，同时保持油质完好。

七、背压式和抽汽式汽轮机的调节

1. 背压式汽轮机调节的概念

背压式汽轮机是既供电又供热的汽轮机的一种。显然，热用户所需要的蒸汽量和电用户对汽轮机功率的要求是不可能完全一致的。在一般情况下，背压式汽轮机是按照热负荷运行的，也就是根据热用户的需要决定汽轮机的运行工况，此时汽轮机的进汽量由热用户所消耗的蒸汽量决定，并随供热量的变化而作相应的改变，汽轮机的功率将随热负荷变化，而电网频率将由电网中并列运行的其他凝汽式机组维持。

背压式汽轮机进汽量的调节由调压器来实现。当热用户消耗的蒸汽量增大时，供热压力降低，调压器接受这一压力信号后，通过中间放大机构开大调节汽门，以增加汽轮机进汽量，反之亦然。由于调压器的作用，背压式汽轮机的排汽压力将维持在一定范围内。

2. 具有一段抽汽的抽汽式汽轮机的调节概念

抽汽式汽轮机与背压式汽轮机相比，它不仅能供电，还能供热，而且电能和热能可以分别调整。

当供热蒸汽量增加而电负荷不变时，抽汽管道中的压力减小，压力调节系统工作，将开大高压缸的调节汽门，并关小低压缸的调节汽门；反之亦然。

当电负荷变化而热负荷不变时，如汽轮机功率增大，调节系统应同时开大高低压调节汽门。反之亦然。

6.3 重点难点与学习建议

汽轮机调节的目的是保证供电的质量和数量，它将主宰机组运行的安全性和经济性。

一、本章重点

（1）汽轮机调节系统的任务与类型。本部分内容是概述汽轮发电机组的自平衡特性，虽然靠机组的自平衡能力也能达到新的稳定工况，但由于转速与原工况偏离较多，不能保证供电的质量，故必须设置调节系统，来改变汽门开度，使汽轮机功率与外界负荷相适应，同时保证供电质量。

（2）典型液压调节系统的组成和动作原理、调节系统的静态特性及静态特性曲线的绘制、评价调节系统静态特性的指标和这些指标对机组运行的影响、调节系统动态特性的概念、影响动态特性的因素。

（3）功频电液调节系统的组成原理及反调现象的产生和消除。

（4）数字电液调节系统的工作原理；引进型 300MW 机组数字电液调节系统的组成、功能、运行方式、控制模式及调节系统的特性。

（5）电液调节系统的主要装置。数字电液调节系统的电液伺服执行机构的工作原理及结构组成。

（6）电液调节系统的危急遮断保护系统和供油系统。

二、本章难点

（1）典型液压调节系统的组成及工作过程。

（2）数字电液调节系统的工作原理及电液伺服执行机构的组成和工作过程。

（3）调节系统的油路特点及危机遮断保护系统的组成及工作过程。

三、本章学习建议

1. 汽轮机调节系统的任务与类型

本部分内容是概述汽轮发电机组的自平衡特性，虽然靠机组的自平衡能力也能达到新的稳定工况，但由于转速与原工况偏离较多，不能保证供电的质量，故必须设置调节系统，来改变汽门开度，使汽轮机功率与外界负荷相适应，同时保证供电质量。

从汽轮机调节系统发展的角度理解汽轮机调节系统的类型。

2. 液压调节系统

理解调节系统的构成及其动作原理是学习复杂调节系统的基础，应弄清楚调速器感受转速变化与汽门开度变化之间的关系。为使调节系统能够稳定工作，系统中必须设置反馈装置。

调节系统的静特性曲线是反映稳定工况下转速与功率之间的一一对应关系，它是有差调节系统。

学习液压调节系统工作原理的方法是：以单机运行，负荷升高或降低时按各部件的编号以箭头表示动作的流程，并表示出反馈的动作流程；还需注意，在新的稳定工况下，调节系统中哪些参数的静态量保持不变；区分哪些部件是转速感受机构、转动放大机构和执行机构。

学习汽轮机的调节机构及其特性时，可参考以下几点。

（1）调节系统静态特性曲线的绘制。

（2）速度变动率对调节系统运行特性的影响，对于带基本负荷和尖峰负荷的机组，必须对速度变动率要有量方面的概念，并网运行的机组，速度变动率将影响负荷的分配。局部速度变动率的概念必须建立，改变速度变动率可行的措施。

（3）迟缓率的概念及其影响因素。单机运行时，由于迟缓的存在破坏了转速与功率间的单值对应关系；并网运行时，由于迟缓的存在，在同一转速下引起功率的晃动。速度变动率和迟缓率对功率晃动量的关系必须理解清楚。

（4）同步器的作用原理及用途，同步器的类型，同步器的工作范围及其富裕行程。

（5）调节系统的静特性试验及静特性的调整。

（6）汽轮机调节系统静态特性是指稳定工况下汽轮机转速与功率之间的对应关系，而动态特性是指由于外扰汽轮机从一个稳定工况过渡到另一个稳定工况的过程，它显示了各种参数随时间的变化关系。通过学习本部分内容，应掌握动态稳定性指标、影响动态特性的主要因素。

3. 功频电液调节系统

学习本部分内容首先理解何谓"功频电液调节系统"，即功率-频率电液调节系统是指系统中采用转速和功率两个控制信号，测量和运算采用电子元件，而执行机构仍用油动机的调节系统，简称"功频电调"，然后从功频电液调节系统的三个基本回路理解功频电液调节系统的基本工作原理。

以负荷增加或下降为例分析功频电液调节系统反调现象产生的原因及消除措施。

4. 数字电液调节系统

学习本部分内容先从控制理论的角度理解电液调节系统的原理方框图，再以引进技术生产的 300MW 机组为例分析电液调节系统的组成、功能、运行方式、控制模式及调节系统的特性。在学习电液调节系统的工作原理时掌握汽轮机电液调节系统的基本控制功能有两个，其一是单机运行时的转速控制，其二是并列运行时的功率控制。对于定压运行的汽轮机来说，无论是转速控制还是功率控制，主要都是通过改变蒸汽阀开度来调节进汽量的，从而达到调节的目的。另外掌握单阀控制和多阀控制的基本概念、特点及在机组运行时如何选用。

5. 电液调节系统的主要装置

电液调节系统主要由四部分组成即电子调节装置、阀位控制装置（电液伺服装置）、配汽机构、调节对象。学习本部分内容，可参考以下几点：

（1）在 DEH 中，电子调节装置中的各电子调节器采用数字量传送信号，在输入、输出接口处采用必要的模/数转换器和数/模转换器。

（2）电液伺服装置主要有阀位控制器、电液转换器、油动机及阀位（位移）反馈测量元件等组成。

学习中理解电液转换器的结构和工作原理。

油动机特性。理解油动机的工作原理和两个技术指标即油动机的提升力与油动机时间常数。学习中需要注意的是，油动机时间常数 T_m 只能反映油动机动作的快慢，而不能代表阀门的启闭时间，因为调节过程中滑阀油口不是处于最大开度位置。一般要求 T_m 要小，但过小的 T_m 往往会引起调节系统摆动。

（3）配汽机构。配汽机构的静态特性曲线，可用阀门或阀门组升程与流量特性线代替。因此，在于研究流量同阀门型线、升程间的关系，其次是阀门或阀门组的提升力同阀门型线、升程间的关系。另外，配汽机构的静特性曲线对整个调节系统静特性曲线影响很大，应能简要分析出影响配汽机构静态特性有哪些因素。

（4）DEH-Ⅲ型调节系统的电液伺服执行机构。学习本部分内容时重点理解引进型300MW 机组 DEH 调节系统的液压系统图，并以控制型和开关型汽阀为例分析电液伺服执行机构动作过程。

6. 危急遮断保护系统和供油系统

（1）危急遮断保护系统。

为了保证汽轮机设备的安全，防止设备损坏事故，除了要求调节系统动作可靠以外，还应具有必要的保护系统，以便遇到调节系统失灵或其他事故时，能及时动作，迅速停机，避免事故的发生或扩大。保护系统本身应特别可靠，特别是大机组，对保护系统的可靠性要求更高。

大机组的危急遮断保护系统一般有两套系统即电气危急遮断保护系统和机械危急遮断保护系统。

学习本部分内容时，针对引进技术生产的 300MW 汽轮机 DEH 调节系统的电气危急遮断保护系统图，学习电气危急遮断保护系统的工作原理，并理解掌握 300MW 机组的危急跳闸装置监视的项目和控制参数。

关于机械危急遮断保护系统主要理解危急保安器的工作原理和机械超速危急遮断系统的工作原理。

（2）供油系统。

学习本部分内容时，针对典型离心油泵供油系统和抗燃油供油系统图，理解供油系统的组成和主要设备的结构及工作原理。

6.4 习题与参考答案

⫶⫶ 习　　题

一、名词解释（解释下列概念）

1. 液压调节系统

2. 电液调节系统

3. 功频电液调节系统

4. 转速变动率

5. 迟缓率

6. 调节系统的静态特性

7. 调节系统的动态特性

8. 超调量

9. 过渡过程时间

10. 单阀控制

11. 多阀控制

12. 一次调频

13. 二次调频

二、填空题（将适当的词语填入空格内，使句子正确、完整）

1. 电力用户对电力的供应有一定量和质的要求。量的要求是指_____；质的要求是指_____和_____满足要求。

2. 汽轮发电机组的自平衡能力是指_____。

3. 评价调节系统静态特性曲线的指标有两个即_____和_____。

4. 在电网负荷变动时，转速变动率_____的机组功率的相对变化量小，而转速变动率_____的机组功率的相对变化量大。

5. 速度变动率的大小反映了机组一次调频能力的强弱，速度变动率_____的，机组一次调频能力强，速度变动率_____的，机组一次调频能力弱。

6. 机组单机运行时，迟缓会引起_____；机组并网运行时，迟缓会引起_____。

7. 评价汽轮机调节系统动态品质的指标有_____、_____和_____。

8. 影响调节系统动态特性的主要因素有_____、_____、_____和_____。

9. 引进型 300MW 机组的 DEH 调节系统，是根据西屋公司 DEH-Ⅲ型的功能原理开发的，其主要由五大部分组成，即①_____；②_____；③_____；④_____；⑤_____。

10. 西屋公司 DEH-Ⅲ型的调节系统有四大功能，即①_____；②_____；③_____；④_____。

11. DEH 的控制器，是 DEH 系统的核心。总体而言，它具有_____和_____两种控制模式。

12. 汽轮机电液调节系统的基本控制功能有两个，其一是_____，其二是_____。

13. DEH 调节系统为避免反调，机组甩负荷时_____必须切除，此时机组能稳定在给定转速上，有利于重新并网。

14. 电液调节系统主要由四部分组成，即_____、_____、_____、_____。

15. 在电液调节系统中，阀位控制装置也被称作电液伺服装置，它主要由_____、

_____及阀位（位移）反馈测量元件等组成。

16. _____是将阀位偏差电信号经过转换放大而成为液压信号（调节油压），以此控制油动机的位移。

17. 电液转换器由力矩马达和液压放大两部分组成。力矩马达有_____和_____两种基本类型，它的作用是将_____。液压放大部分从结构上分为_____和_____两种，它的作用是将_____。力矩马达和液压放大的不同配合，就得到电液转换器的不同结构类型。

18. 油动机按进油方式分为两种：一种是_____；另一种是_____。油动机有两个重要指标：一是_____；二是_____。

19. 供油系统的主要作用是：①_____；②_____。

20. 供油系统按工作介质可分为采用_____的供油系统和采用_____的供油系统。

21. 采用离心油泵的汽轮机油供油系统主要有_____、_____、_____、_____、_____、_____及其他相关部件组成。

22. 一般EH油系统主要由_____、_____、_____、_____、_____、_____及其他有关部套组成。

三、判断题［判断下列命题是否正确，若正确在（　　）内打"　"，错误在（　　）内打"×"］

1. 调速系统的速度变动率越小越好。（　　）

2. 孤立运行机组的转速随负荷的变化而变化。负荷增加，转速下降，负荷减小，转速增加。（　　）

3. 调速器是用来感受转速变化的敏感机构。（　　）

4. 反馈装置动作的最终目的是使油动机活塞回中。（　　）

5. 汽轮机调速系统的速度变动率太大，甩负荷时容易超速。（　　）

6. 电液调节系统包括电气部件和液压部件两大部分。（　　）

7. 随着电站DCS系统的普遍使用，汽轮机电液调节系统开始成为DCS系统中的一个站。（　　）

8. DEH系统中保安系统的电磁阀在有遮断请求时，通常是断电的。（　　）

9. 危急遮断器的动作转速，应在额定转速110％～112％倍的范围内。（　　）

10. 隔膜阀连接透平油系统与EH油系统，其作用是当透平油系统压力降到不允许的程度时，可通过EH油系统遮断停机。（　　）

11. 调速系统迟缓率越大，则并网运行时的负荷漂移量越大。（　　）

12. 调速系统的静态特性是由感受机构特性和执行机构特性所决定的。（　　）

13. 冷油器运行中需要保持水侧压力小于油侧压力，以保证当铜管泄漏时水不会漏入油内。（　　）

14. 油箱的容积越小，则油的循环倍率越大。（　　）

15. 汽轮机调速系统的速度变动率越大，正常并网运行越不稳定。（　　）

16. 电液调节系统是一个多回路、多参数的控制系统，通过这些回路实现对汽轮发电机组的转速和负荷的闭环控制。（　　）

17. 电液调节系统的转速回路是无差调节系统而一次调频回路是有差调节系统。（　　）

18. 对三芳基磷酸脂抗燃油中使用的密封材料一般推荐用氟橡胶、聚四氯乙烯等。（　　）

19. 机组并网后，DEH 能自动带初始负荷，以防止逆功率运行。（　　）

20. 采用高压抗燃油的数字电液调节系统多采用单侧油动机。（　　）

21. ETS 是在紧急情况下，迅速关闭汽轮机进汽阀门，切断汽轮机所有进汽的保护系统。（　　）

22. 为避免故障集中，危急遮断系统应为一独立系统，一般应与调节系统分开设计。必须保证使调节系统故障，失去调节功能的时候，保护系统仍具有使汽轮机停止运行的能力。（　　）

23. 在抗燃油系统安装、调试、维修时可使用含氯溶剂去清洗系统部件。（　　）

24. OPC 电磁阀是超速保护控制电磁阀。正常运行时，这两个电磁阀是断电常闭的。（　　）

25. 电液调节系统通常选用可靠性比较高的非接触式线性差动变压器 LVDT 作为阀门位置反馈的传感器。（　　）

26. 汽轮机自启停控制（ATC）方式是按汽轮机汽缸热应力值确定启动速度的。（　　）

27. 尽管采取了各种措施，调速系统还是不可避免地存在着迟缓率。（　　）

28. 汽轮机油的循环倍率越大越好。（　　）

29. 某台汽轮机迟缓率为 1.5%，速度变动率为 5%，则在并列运行时负荷的摆动可能达到 20%。（　　）

30. 如果调速系统速度变动率大，汽轮机甩负荷后，汽轮机转速上升不会使危急遮断器动作。（　　）

31. 电液调节系统的一次调频回路是无差调节系统。（　　）

32. 采用高压抗燃油的数字电液调节系统多采用双侧油动机。（　　）

33. 抗燃油颜色的变化是油质改变的综合反映，当油液出现老化、水解、沉淀等现象时，油液的颜色会变浅。（　　）

34. 在正常运行时，AST 电磁阀是通电励磁打开，从而封闭了自动停机危急遮断母管上抗燃油泄油通道，使所有蒸汽阀油动机油缸活塞下腔的油压能够建立起来。（　　）

35. 汽轮机数字式电液调节系统 DEH 一般都设计有遥控方式，在遥控方式下，接受来自遥控系统如 CCS 协调控制系统的控制指令，但在遥控方式下汽轮机 DHH 系统仍然具有转速控制和甩负荷等保护功能，在遥控条件不满足时，能自动切除 CCS 协调控制。（　　）

四、选择题〔下列各题答案中选一个正确答案编号填入（　　）内〕

1. 汽轮机功频电液控制装置中以计算机为基础的数字式电液控制的简称为（　　）。

A. ECH；　　　　　　　　　　　　B. MHC；

C. AEH；　　　　　　　　　　　　D. DEH。

2. 对于 DEH-Ⅲ 的数字电液调节系统，其转速控制回路为（　　）系统。

A. 无差；　　　　　　　　　　　　B. 有差；

C. 自动；　　　　　　　　　　　　D. 混合。

3. 由于在机组功率的滞后，限制了机组参加（　　）任务。

A. 二次调频；　　　　　　　　　　B. 主汽温度；

C. 汽压控制；　　　　　　　　　　D. 一次调频。

4. 功率—频率电液控制系统是以连续的电量对机组进行控制的，所以也称（　　　）。

A. 电量控制；　　　　　　　　　　　　B. 模拟控制；

C. 电频控制；　　　　　　　　　　　　D. 数字控制。

5. 汽轮机的调节控制系统一般由（　　　）四个机构组成。

a. 转速感受器；b. 传动放大机构；c. 控制机构；d. 执行机构；e. 反馈机构

A. abde；　　　　　　　　　　　　　　B. bcde；

C. abcd；　　　　　　　　　　　　　　D. acde。

6. 由于汽轮机的功率测取比较困难，在功频电液控制中一般采用测量（　　　）方法。

A. 电动机功率；　　　　　　　　　　　B. 发电机功率；

C. 锅炉负荷；　　　　　　　　　　　　D. 汽轮机负荷。

7. 根据汽轮机的自调整性能，当外界电负荷增大时，如果汽轮机的进汽量不做相应的增大，为使汽轮发电机的电动率于外界电负荷相适应，汽轮机的转速将会（　　　）。

A. 增大；　　　　　　　　　　　　　　B. 减小；

C. 不变；　　　　　　　　　　　　　　D. 飞升。

8. 影响汽轮机的控制系统动态特性的主要因素有（　　　）。

a. 转子的飞升时间常数；b. 迟缓率；c. 转速变动率；d. 油动机时间常数；e. 中间容积时间常数

A. abc；　　　　　　　　　　　　　　B. bcde；

C. abde；　　　　　　　　　　　　　　D. abcde。

9. （　　　）是汽轮机控制系统最重要的指标，既反映了异常一次调频能力的强弱，又表明了稳定性的好坏。

A. 转速变动率；　　　　　　　　　　　B. 迟缓率；

C. 中间容积时间常数；　　　　　　　　D. 转子飞升时间常数。

10. 并网运行机组可以利用同步器平移某一台机组的静态特性曲线，以实现电网频率的调整，这种调整频率的作用称为（　　　）。

A. 一次调频；　　　　　　　　　　　　B. 积分作用；

C. 微分作用；　　　　　　　　　　　　D. 二次调频。

11. 一次调频是指在电网负荷变化后，电网频率的变化将使电网中各台机组的功率相应的增大或减小，即机组按其（　　　）改变自己的实发功率，以减小电网频率波动的幅度，从而达到新的功率平衡，并且将电网频率的变化限制在一定的限度以内。

A. 动态特性；　　　　　　　　　　　　B. 目标负荷；

C. 静态特性；　　　　　　　　　　　　D. 额定频率。

12. 再热汽轮机的功率—频率电液控制系统由（　　　）三种基本回路组成。

a. 转速控制回路；b. 频差控制回路；c. 功率控制回路；d. 功率—频率控制回路

A. abc；　　　　　　　　　　　　　　B. acd；

C. abd；　　　　　　　　　　　　　　D. bcd。

13. DEH 的汽轮机自启停控制是通过状态监测，（　　　），并在机组应力允许的范围内，优化启动程序，用最大的速率与最短的时间实现机组启动过程的全部自动化。

A. 计算静子的应力；　　　　　　　　　B. 进行参数整定；

C. 计算转子应力；   D. 进行参数选择。

14. 下列说法正确的是（   ）。

A. 机械超速危机遮断系统必不可少；

B. DEH 系统必须采用高压抗燃油作为动力油；

C. 汽轮机油只能作为汽轮机的润滑油；

D. 在 DEH 系统中可用高压抗燃油，也可以用汽轮机油作为动力油。

15. 发电机的电磁阻力矩的大小主要决定于（   ）。

A. 负载的性质；   B. 用户的耗电量；

C. 机组的大小；   D. 蒸汽的参数。

16. 功频系统本身具有使（   ）动态过开，以改善汽轮机负荷适应性的能力。

A. 启动阀；   B. 调节阀；

C. 止回阀；   D. 安全门。

17. "反调"现象的产生是由于发电机功率信号（   ）转速信号而引起的。

A. 超前；   B. 滞后；

C. 跟随；   D. 取自。

18. 机组参与调频时，转速给定值与转速信号的偏差反映了（   ）。

A. 内优大小；   B. 外优大小；

C. 内优的大小和方向；   D. 外优大小和方向。

19. 汽轮机超速保护就是转速达到（   ）额定转速时，快关中压调节汽阀。

A. 100%；   B. 103%；

C. 110%；   D. 115%。

20. ATC 代表了（   ）功能。

A. 汽轮机自负荷控制；   B. 汽轮机自动保护；

C. 汽轮机自启停控制；   D. 机组和 DEH 系统监控。

21. （   ）是调节系统动态品质之一。

A. 转速变动率；   B. 迟缓率；

C. 超调量；   D. 都不是。

22. 汽轮机调节系统油动机时间常数越小，动态飞升时过渡过程衰减越（   ）。

A. 快；   B. 慢；

C. 不变；   D. 不确定。

23. 调速系统静态特性曲线是在（   ）条件下负荷与转速之间的关系曲线。

A. 额定负荷；   B. 并网运行；

C. 孤立运行；   D. 基本负荷。

24. 引进技术生产的 300MW 机组采用高压缸启动方式时，冲转前将旁路系统切除，通过（   ）和（   ）的顺序开启组合来控制升速过程，其中，从盘车转速到 2900r/min，由（   ）控制，转速达到 2900r/min 后，切换至（   ）控制升速，系统转入负荷回路工作后，负荷一直由（   ）进行控制。下列选项正确的是（   ）。

A. 高压主汽阀 高压调节汽阀 中压主汽阀 中压调节汽阀 高压调节汽阀；

B. 高压主汽阀 高压调节汽阀 高压主汽阀 高压调节汽阀 高压调节汽阀；

C. 中压主汽阀　中压调节汽阀　高压主汽阀　高压调节汽阀　高压主汽阀；

D. 高压主汽阀　高压调节汽阀　中压主汽阀　中压调节汽阀　高压主汽阀。

25. 根据功频特性方程式可知，当改变频率校正环节的放大倍数，其特性曲线将（　　　）。

A. 平移；　　　　　　　　　　　　　B. 不变；

C. 为一垂直直线；　　　　　　　　　D. 改变斜率。

26. 根据功频方程式可知，运行中改变功率给定值，其特性曲线将（　　　）。

A. 平移；　　　　　　　　　　　　　B. 不变；

C. 为一垂线；　　　　　　　　　　　D. 改变斜率。

27. DEH 调节系统的基本控制功能有两个，即（　　　）。

A. 转速控制，功率控制；　　　　　　B. 数字控制，模拟控制；

C. 转速控制，手动控制；　　　　　　D. 功率控制，手动控制。

28. DEH 控制系统元（部）件的静态特性有多种，其中不属于元（部）件静态特性的是（　　　）。

A. 凸轮特性；　　　　　　　　　　　B. 油动机的静态特性；

C. 多阀控制系统；　　　　　　　　　D. 转速和功率的特性。

29. ETS 中电气超速保护装置的动作转速一般是（　　　）。

A. $1.3n_0$；　　　　　　　　　　　　B. $1.1n_0$；

C. $1.03n_0$；　　　　　　　　　　　D. $1.23n_0$。

30. ETS 中机械超速保护装置的动作转速一般是（　　　）。

A. $1.28n_0$；　　　　　　　　　　　B. $1.03n_0$；

C. $1.11n_0$；　　　　　　　　　　　D. $1.31n_0$。

31. EH 油箱中磁性过滤器的用途是（　　　）。

A. 去除油中的水分；　　　　　　　　B. 去除油中的铁粉；

C. 降低油的酸性；　　　　　　　　　D. 降低油的黏度。

32. 高压油泵输出的抗燃油在 EH 控制单元中的流程是滤油器→（　　　）进入高压油集管和蓄能器。

A. 卸载阀→止回阀→过压保护阀；　　B. 止回阀→卸载阀→过压保护阀；

C. 过压保护阀→卸载阀→止回阀；　　D. 卸载阀→过压保护阀→止回阀。

33. EH 供油系统采用离心式高压叶片泵的主要缺点是（　　　）。

A. 系统各部件处于交变压力下工作；　B. 系统油压低；

C. 系统常处于卸荷状态下工作；　　　D. 系统复杂。

34. EH 供油系统中高压蓄能器的作用是（　　　）。

A. 作为执行机构动作的紧急动力源；　B. 吸收和缓冲油压冲击；

C. 卸载阀动作卸油时维持油压；　　　D. ABC。

35. EH 供油系统中再生装置的作用是（　　　）。

A. 提高 EH 油油质；　　　　　　　　B. 降低 EH 油油温；

C. 提高 EH 油油压；　　　　　　　　D. 增加 EH 油的酸值。

36. 液压伺服系统中电液伺服阀的作用是（　　　）。

A. 将数字信号转变为模拟量信号；　　B. 将液压信号转变为电信号；

C. 将模拟量信号转变为数字信号；　　　D. 将电信号转变为液压信号。

37. DEH 系统中的油动机通常是（　　）。

A. 双侧进油式；　　　　　　　　　B. 单侧进油式；

C. 旋转式；　　　　　　　　　　　D. 摆动式。

38. 有些机组的润滑油系统中油管采用防护性套管的目的是（　　）。

A. 防止润滑油油温降低；　　　　　B. 防止润滑油油温升高；

C. 防止润滑油被污染；　　　　　　D. 防止润滑油泄漏失火。

39. 轴承润滑油低保护装置的作用是（　　）。

A. 轴承润滑油压降低时打开溢流阀；

B. 轴承润滑油压升高时使其恢复；

C. 轴承润滑油压降低到遮断时使机组停机；

D. 轴承润滑油压降低到遮断值时报警。

40. 低真空保护装置的作用是（　　）。

A. 真空降低时使真空恢复；　　　　B. 真空升高时使真空恢复；

C. 真空降低到一定值时使真空维持；　D. 真空降低到遮断时使机组停机。

五、问答题

1. 电力用户对电力的供应有什么要求？

2. 汽轮发电机组转子上作用有哪些力矩？当外界负荷发生变化时，力矩的平衡关系是如何被破坏的？将产生什么后果？如何解决？

3. 汽轮机调节系统的任务是什么？

4. 汽轮机调节系统的类型有哪些？各有什么特点？

5. 简述液压调节系统静态特性曲线的求取方法，并说明静态特性曲线的评价指标有哪些？这些指标对机组运行会产生什么影响？

6. 简述液压调节系统中同步器的作用。

7. 何谓液压调节系统中同步器的调节范围，其大小是如何确定的？

8. 影响调节系统动态特性的主要因素有哪些？并说明这些因素是如何影响的。

9. 中间再热对汽轮机的调节系统有何影响？

10. 何谓功频电液调节系统？简述功频模拟电液调节的工作原理。

11. 何谓功频电液调节系统的反调现象？其产生的原因是什么？如何消除？

12. 画出数字电液调节系统的方框图，并说明其工作原理。

13. DEH-Ⅲ型数字电液调节系统有哪几部分组成？

14. DEH-Ⅲ型数字电液调节系统可实现的功能有哪些？

15. DEH-Ⅲ型数字电液调节系统的运行方式有哪些？

16. 简述 DEH-Ⅲ型数字电液调节系统的转速和功率调节原理。

17. 画出数字电液调节系统的静态特性曲线并分析之。

18. 单侧油动机和双侧油动机各有什么特点？

19. 何谓调节阀间的重叠度？选择合适重叠度的原则是什么？重叠度数值的大小表明了什么含义？

20. 数字电液调节系统的电液伺服执行机构有何特点？该机构的组成情况如何？并说明

各组成部分的工作原理。

21．简述数字电液调节系统中高压调节阀和中压主汽阀执行机构的工作原理。

22．上海汽轮机厂生产的引进型 300MW 汽轮机危急遮断项目有哪些？其控制的参数是多少？

23．汽轮机危急遮断保护系统的主要装置有哪些？其工作原理如何？

24．汽轮机供油系统的主要作用是什么？它有哪些设备组成？这些设备在系统中各起什么作用？

25．简述汽轮机油和抗燃油的性能特点。

参考答案

一、名词解释（解释下列概念）

1．液压调节系统：主要依靠液体作工作介质来传递信息的汽轮机调节系统，主要由机械部件与液压部件组成。

2．电液调节系统：利用电气部件测量与传输信号，并用液压部件作执行器（调节汽阀驱动装置）的汽轮机调节系统。

3．功频电液调节系统：指系统中采用转速和功率两个控制信号，测量和运算采用电子元件，而执行机构仍用油动机的调节系统，简称"功频电调"。

4．转速变动率：当机组单机运行（孤立运行）时，电功率从零增加到额定值 P_0 时，稳定转速相应从 n_1 降为 n_2，转速的改变值 $\Delta n = n_1 - n_2$ 与额定转速 n_0 之比的百分数。其表达式为 $\delta = \dfrac{n_1 - n_2}{n_0} \times 100\%$。

5．迟缓率：在同一功率下因迟缓而出现的最大转速变动量 Δn_ϵ 与额定转速 n_0 的比值百分数，即 $\varepsilon = \dfrac{\Delta n_\epsilon}{n_0} \times 100\% = \dfrac{n_a - n_b}{n_0} \times 100\%$。

6．调节系统的静态特性：在稳定工况下，调节系统的输入转速与输出负荷之间的关系。

7．调节系统的动态特性：调节系统受到扰动后，被调量随时间的变化规律。

8．超调量：在转速调节过程中，最大动态转速 n_{max} 与最后的静态稳定转速 n_s 之差 Δn_{max}。

9．过渡过程时间：调节系统受到扰动后，从原来的稳定状态过渡到新的稳定状态所需要的最少时间。

10．单阀控制：采用单一信号控制，使所有高压调节汽阀同步启闭，适用于节流调节。

11．多阀控制：采用多个不同信号分别控制若干个高压调节汽阀，使它们按一定顺序启闭，适用于喷嘴调节。

12．一次调频：电负荷改变引起电网频率变化时，电网中并列运行的各台机组均自动地根据自身的静态特性线承担一定负荷的变化以减少电网频率改变的调节过程。

13．二次调频：通过同步器或改变功率给定值，实现电网负荷的重新分配，将电网频率调回到预定的质量范围内的调频过程。

二、填空题（将适当的词语填入空格内，使句子正确、完整）

1．汽轮发电机组能够随时按用户的电量需要来调整功率即满足用户对功率数量的要求，电压，频率

2. 汽轮发电机组依靠自身力矩与转速之间的变化特性可以自发地从一个稳定工况调整到另一稳定工况的调整能力

3. 速度变动率，迟缓率

4. 大，小

5. 小，大

6. 转速摆动，功率飘移

7. 稳定性，超调量，过渡过程时间

8. 转子飞升时间常数 T_a，中间容积时间常数 T_v，转速变动率 δ，油动机时间常数 T_m，迟缓率

9. ①电子控制器，②操作系统，③油系统，④执行机构，⑤保护系统

10. ①汽轮机自动程序控制功能，②汽轮机的负荷自动调节功能，③汽轮机的自动保护功能，④机组和 DEH 系统的监控功能

11. 主汽阀（TV）控制模式，调节汽阀（GV）控制模式

12. 单机运行时的转速控制，并列运行时的功率控制

13. 功率给定

14. 电子调节装置，阀位控制装置（电液伺服装置），配汽机构，调节对象

15. 电液转换器，油动机

16. 电液转换器

17. 动圈式，动铁式，电的信号转换成为机械位移信号，断流式（或滑阀式），继流式（或称蝶阀式），机械位移信号放大并输出液压信号

18. 双侧进油式，单侧进油式，提升力，时间常数

19. ①供给轴承润滑系统用油，②供给调节系统与危急遮断保护系统用油

20. 汽轮机油，抗燃油

21. 油箱，主油泵，注油器，高压交流油泵，交直流润滑油泵，冷油器

22. EH 油箱，高压油泵，控制单元，蓄能器，过滤器，冷油器，抗燃油再生装置

三、判断题 ［判断下列命题是否正确，若正确在（　　）内打"√"，错误在（　　）内打"×"］

1. ×；2. √；3. √；4. ×；5. √；6. √；7. √；8. √；9. √；10. ×；11. √；12. ×；13. √；14. √；15. ×；16. √；17. √；18. ×；19. √；20. √；21. √；22. √；23. ×；24. √；25. √；26. ×；27. √；28. ×；29. ×；30. ×；31. ×；32. ×；33. ×；34. ×；35. √。

四、选择题 ［下列各题答案中选一个正确答案编号填入（　　）内］

1. D；2. A；3. D；4. B；5. A；6. B；7. B；8. D；9. A；10. D；11. C；12. B；13. C；14. D；15. B；16. B；17. A；18. D；19. B；20. C；21. C；22. A；23. C；24. B；25. D；26. A；27. A；28. D；29. B；30. C；31. B；32. A；33. A；34. D；35. A；36. D；37. B；38. D；39. C；40. D。

五、问答题

1. 答：电力用户对电力的供应有一定量和质的要求。

量的要求：电能无法大量储存，而电力用户对电能的需要是随时变化的，因此要求汽轮

发电机组能够随时按用户的电量需要来调整功率。

质的要求：一是供电电压；二是供电频率。

2. 答：汽轮发电机组运行时，作用在转子上的力矩有三个：一是汽轮机的蒸汽动力矩 M_t，二是发电机的电磁阻力矩 M_e，三是机械阻力矩 M_f。

当外界负荷即发电机的电磁阻力矩 M_e 变化时，将打破作用在汽轮发电机组转子上的力矩平衡关系，引起转速的变化。

虽然汽轮发电机组具有自平衡能力，但这种自平衡能力很弱，汽轮发电机组在新的稳定状态下运行时，转速变化很大，不仅使机组发出的电能频率和电压不满足用户要求，而且对汽轮发电机组零件强度及运行效率来说也是不允许的。

解决措施是设置汽轮机的调节系统。

3. 答：汽轮机调节系统的任务是及时调整汽轮机的功率，使它能满足外界负荷变化的需要，同时保证转速在允许的范围内。

4. 答：汽轮机调节系统按其结构特点可划分为两种类型，即液压调节系统和电液调节系统。

液压调节系统主要由机械部件与液压部件组成，主要依靠液体作工作介质来传递信息，根据机组转速的变化来进行自动调节。这种调节系统的调节精度低，反应速度慢，运行时工作特性是固定的，不能根据转速变化以外的信号调节需要来作及时调整，而且调节功能少。但是它的工作可靠性高且能满足机组运行调节的基本要求。

电液调节系统由电气部件、液压部件组成。电气部件测量与传输信号方便，并且信号的综合处理能力强，控制精度高，操作、调整与调节参数的修改又方便。液压部件用作执行器（调节汽阀驱动装置）时充分显示出响应速度快、输出功率大的优越性，是其他类型执行器所无法取代的。

5. 答：通过计算或试验得到各组成部分的静态特性曲线后，用合成法作图即可获得整个调节系统的静态特性曲线，如图 6-4 所示。具体方法是：沿着调节信号的传递方向，根据静态参数对应规律，在四象限图的第二、三、四象限中分别绘出转速感受机构、阀位控制机构、配汽机构及调节对象的静态特性曲线，然后根据投影原理，将这三条曲线合成为第一象限内的汽轮机功率与转速关系曲线，即为液压调节系统静态特性曲线。

评价调节系统静态特性曲线的指标有两个，即转速变动率和迟缓率。

转速变动率对一次调频的影响：在电网负荷变动时，转速变动率大的机组功率的相对变化量小，而转速变动率小的机组功率的相对变化量大。

迟缓率对机组运行的影响：机组单机运行时，迟缓率会引起转速自发变化（即转速摆动），最大摆动量为 $\Delta n_e = \varepsilon n_0$；机组并网运行时，转速取决于电网频率，迟缓率会引起功率自发发生变化（即功率飘移），功率飘移量的大小与迟缓率成正比，与转速变动率成反比。

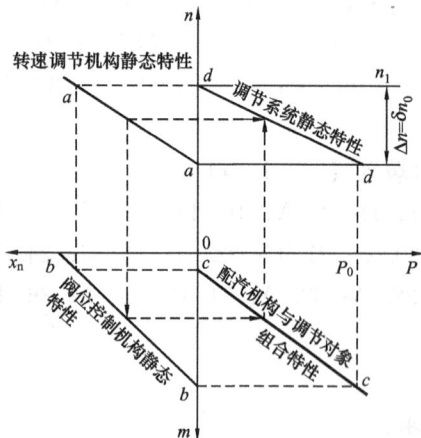

图 6-4 问答题 5 图

6. 答：调整单机运行机组的转速；调整并网运

行机组的功率。

7. 答：同步器的调节范围是指操作同步器能使调节系统静态特性平行移动的范围。

同步器的调节范围应该是满足机组顺利地加载到满负荷和卸到空负荷的要求，不仅在正常周波和额定蒸汽参数时满足，而且在电网周波和蒸汽参数在允许范围内变化情况下也能满足。

8. 答：转子飞升时间常数 T_a：甩负荷时 T_a 越小，转子的最大飞升转速越高，而且过渡过程的振荡加剧。

中间容积时间常数 T_V：当中间容积越大、中间容积压力越高时，中间容积时间常数 T_V 越大，表明中间容积中储存的蒸汽量越多，其做功能力越大，甩负荷时，虽然主蒸汽调节汽阀已迅速关小，但中间容积的蒸汽仍继续流进汽轮机，压力势能在释放，使汽轮机转速额外飞升也就越大。

转速变动率 δ：δ 大时，转速动态超调量小，动态稳定性好。但 δ 大时，转速静态偏差大。

油动机时间常数 T_m：油动机时间常数 T_m 越大，则调节汽阀关闭时间越长，调节过程的动态偏差越大，转速过渡过程曲线摆动幅度越大，过渡过程时间越长，因而调节品质越差。

迟缓率：甩负荷时不能及时使调节汽阀动作，动态偏差要加大。

9. 答：(1) 采用单元制的影响。机炉动态特性差异的影响。减小了机组的功率响应速度，降低了液压调节系统参与一次调频的能力。机炉最低负荷的不一致与再热器的冷却问题。

(2) 中间再热容积的影响。再热器的容积很大，造成中间再热容积时间常数 T_V 很大，当外界负荷变化时，高压缸功率随之变化，而中低压缸受中间再热容积的影响，其功率变化较慢，即产生功率滞后现象，降低了一次调频能力。此外，甩负荷时中间再热容积内蒸汽易使机组超速。

综上所述，中间再热式汽轮机液压调节系统一次调频能力较弱，即负荷适应性差。

10. 答：功率—频率电液调节系统是指系统中采用转速和功率两个控制信号，测量和运算采用电子元件，而执行机构仍用油动机的调节系统，简称"功频电调"。

功频模拟电液调节的工作原理。

(1) 转速调节回路。

转速调节回路应用于单机运行情况，在机组启动时升速、并网和在停机（包括甩负荷）过程中控制转速。

转速反馈信号由装于汽轮机轴端的磁阻发信器测取并转换成电压，然后与转速给定电压进行比较。再经频差放大器放大后，送往综合放大器、PID（比例、积分和微分）调节器、功率放大器、电液转换器。再经继动器、错油门和油动机后去控制调节汽阀。

(2) 功率调节回路。

机组在电网中不承担调频任务时，频差放大器无输出信号，机组由功率调节回路进行控制。

由于汽轮机功率的测取比较困难，在功频电调中一般都采用测量发电机功率的方法。通过霍尔测功器测出与发电机功率对应的电压后，再与给定电压比较，经功差放大器放大并经综合放大器放大后，输至 PID 调节器，最后控制调节汽阀。该回路也是定值调节系统。

(3) 功率—频率调节回路。

当汽轮机参与一次调频时，调节系统构成了功率频率调节回路，此时功率调节回路和转速调节回路均参与工作，是一种功率跟随频率的综合调节系统。此时，两调节回路既有自身的动作规律，又有协调动作的过程，频差信号 $U_{\Delta n}$ 和功差信号 $U_{\Delta P}$ 在综合放大器内进行比较。稳态时频差输出 $U_{\Delta n}$ 和功差输出 $U_{\Delta P}$ 应大小相等、极性相反，所以综合放大器的输出为零，系统趋于稳定。

（4）甩负荷过程。

在一般液压调节系统中，当出现甩负荷（假定甩满负荷）事故时，由于主同步器仍置于满负荷位置未变，所以静态特性位置不变，甩负荷时的最大转速为 $n_{\max} = (1 + \delta)n_0 + \Delta n_{\max}$（$\Delta n_{\max}$ 为超调量）。在功频电液调节系统中，由于甩负荷时可利用油开关跳闸信号通过继电器切除功率给定的输出，因而使功率给定值有额定值瞬间变为零，又由于实际功率为零，故功率偏差信号为零，系统进入纯调速系统，机组的最后稳定转速必然等于给定的额定转速。

11. 答：当外界负荷突变时，例如，电网故障造成发电机功率突然大幅度减小时，功频电液调节系统通过调节器作用后驱使调节汽阀开大，引起汽轮机功率增大，这显然与所希望的功率调节方向相反，即产生了功率反调现象。

功率反调现象产生的原因：汽轮机转速变化是由转子不平衡力矩所引起的，由于转子存在惯性等原因，造成转速信号瞬时变化很小，即转速变化信号落后于功率变化信号。除此之外，还有一个原因是在动态过程中，发电机功率 P_{el} 与汽轮机功率 P_i 不相等，而功率反馈信号取自于发电机。在动态过程中用发电机功率信号代替汽轮机功率信号时，少了一项反映转子动能改变的转速微分信号。

为了预防反调现象发生，通常设置如下动态校正元件：转速一次微分器；带惯性延迟的测功器；功率负微分器。

12. 答：数字电液调节系统的方框图如图 6-5 所示。

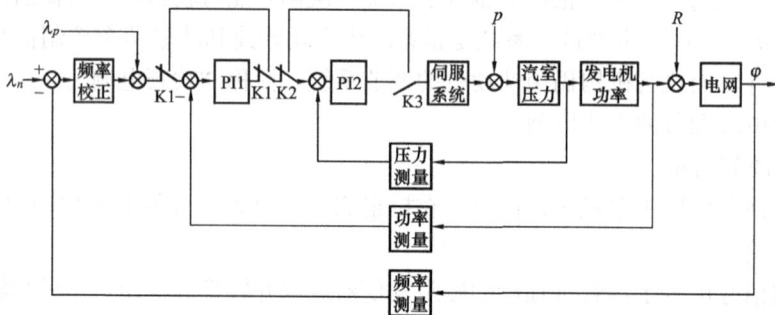

图 6-5 问答题 12 图

数字电液调节系统是一种功率频率调节系统，属于离散控制，也称采样控制。

数字电液调节系统的调节对象，考虑了调节级汽室压力特性、发电机功率特性和电网特性，因此，它是一种更为完善的调节系统。

该系统采用 PI 调节规律，是一种串级 PI 调节系统。整个系统由内回路和外回路组成，内回路增强了调节过程的快速性，外回路则保证了输出严格等于给定值；PI 调节规律既保证了对系统信息的运算处理和放大，积分作用又可以保证消除静差，实现无差调节。

系统的虚拟"开关"由软件实现，K1 和 K2"开关"的指向可提供不同的运行方式，即既可按串级 PI 方式运行，又可按单级 PI 方式运行。

　　系统中的外扰是负荷变化 R，内扰是蒸汽压力变化 p，给定值有转速给定 λ_n 和功率给定 λ_P，两给定值彼此间受静态关系的约束。机组启停或甩负荷时用转速回路控制，并网运行不参与调频时用功率回路控制，参与调频时用功率频率回路控制。

　　13. 答：DEH-Ⅲ型数字电液调节系统主要由五大部分组成。

　　（1）电子控制器。主要包括数字计算机、混合数模插件、接口和电源设备等，均集中布置在 6 个控制柜内。主要用于给定、接受反馈信号、逻辑运算和发出指令进行控制等。

　　（2）操作系统。主要设置有操作盘，图像站的显示器和打印机等，为运行人员提供运行信息、监督、人机对话和操作等服务。

　　（3）油系统。高压控制油系统与润滑油系统分开。高压油（EH 系统）采用三芳基磷酸脂抗燃油为调节系统提供控制与动力用油。润滑油泵由主机拖动，为润滑系统提供 1.44～1.69MPa 的汽轮机油。

　　（4）执行机构。主要由伺服放大器、电液转换器和具有快关、隔离和逆止装置的单侧油动机组成，负责带动高压主汽阀、高压调节汽阀和中压主汽阀、中压调节汽阀。

　　（5）保护系统。设有 6 个电磁阀，其中 2 个用于超速时关闭高、中压调节汽阀，其余用于严重超速（110%n_0）、轴承油压低、EH 油压低、推力轴承磨损过大、凝汽器真空过低等情况下危急遮断和手动停机之用。

　　14. 答：DEH-Ⅲ型数字电液调节系统有四大功能。

　　（1）汽轮机自动程序控制（简称 ATC）功能。

　　（2）汽轮机的负荷自动调节功能。

　　汽轮机的负荷自动调节有两种情况。冷态启动时，机组并网带初负荷（5% 额定负荷）后，负荷由高压调节汽阀进行控制。热态启动时，在机组负荷未达到 35% 额定负荷以前，由高、中压调节汽阀控制，以后，中压调节汽阀全开，负荷只由高压调节汽阀进行控制。处于负荷控制阶段，DEH 调节系统具有下述功能。

　　1）具有操作员自动、远方控制和电厂计算机控制方式，以及它们分别与 ATC 组成的联合控制方式。

　　2）具有自动控制（A 和 B 机双机容错）、一级手动和二级手动冗余控制方式。

　　3）可采用串级或单级 PI 控制方式。当负荷大于 10% 以后，可由运行人员选择是否采用调节级汽室压力和发电机功率反馈回路，从而也就决定了采用何种 PI 控制方式。

　　4）可采用定压运行或滑压运行方式。当采用定压运行时，系统有阀门管理功能，以保证汽轮机能获得最大的效率。

　　5）根据电网的要求，可选择调频运行方式或基本负荷运行方式；设置负荷的上下限及其速率等。

　　此外，还有主汽压力控制（TPC）和外部负荷返回（RUNBACK）等保护主要设备和辅助设备的控制方式，运行控制十分灵活。

　　（3）汽轮机的自动保护功能。包括：①超速保护（OPC）；②危急遮断控制（ETS）；③机械超速保护和手动脱扣。

　　（4）机组和 DEH 系统的监控功能。

15. 答：DEH-Ⅲ型数字电液调节系统设有四种运行方式，机组可在其中任何一种方式下运行，其顺序和关系是：二级手动、一级手动、操作员自动、汽轮机自动 ATC，紧邻两种运行方式相互跟踪，并可做到无扰切换。此外，居于二级手动以下还有一种硬手操，作为二级手动的备用，但两者无跟踪，需对位操作后才能切换。

16. 答：(1) 数字电液调节系统转速调节原理。

数字电液调节系统转速调节原理如图 6-6 所示。

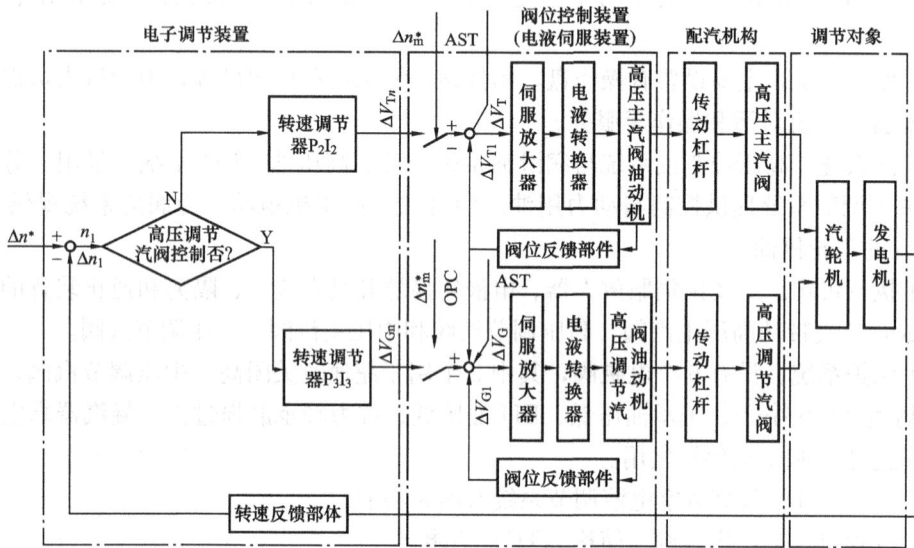

图 6-6 问答题 16 (1) 图

1) 转速给定值扰动下的转速调节。

在自动控制方式下，系统的转速调节主回路与两个阀位控制子回路均为闭环控制结构。

若系统处于稳定状态，则转速给定值 n^* 与转速反馈值 n 相平衡，转速偏差 $\Delta n = 0$，阀位偏差信号 $\Delta V_T = 0$，$\Delta V_G = 0$。①高压主汽阀的转速控制（$n < 2900 r/min$），汽轮机在采用高压缸启动方式时，冲转前切除了旁路系统，中压主汽阀、中压调节汽阀、高压调节汽阀均全开，由高压主汽阀冲转并控制升速至 2900r/min；当主回路、子回路的稳定条件同时得到满足时，系统便达到了新的稳定状态，新的实际转速与新的转速给定值相等；②高压主汽阀/高压调节汽阀的阀切换控制，当机组转速按要求升速到 2900r/min 时，转速由高压主汽阀切换到高压调节汽阀控制；③高压调节汽阀的转速控制（$n > 2900 r/min$），当转速高于2900r/min 时，转速处于高压调节汽阀控制阶段，其转速调节原理与高压主汽阀的转速调节原理基本相同。

2) 手动转速阀位指令扰动下的转速调节。

在手动控制方式下，系统的转速调节主回路在自动/手动切换点处断开，所以是开环控制结构。两个阀位调节子回路必须是闭环控制结构。

当需要改变转速时，通过手动，可直接发出手动转速阀位指令信号 $\Delta n_m^* \neq 0$，此信号通过相应的阀位控制装置的调节作用，使相应汽阀产生位移，引起进汽量相应变化，最终导致转速改变。

（2）数字电液调节系统功率调节原理。

数字电液调节系统功率调节原理如图 6-7 所示。

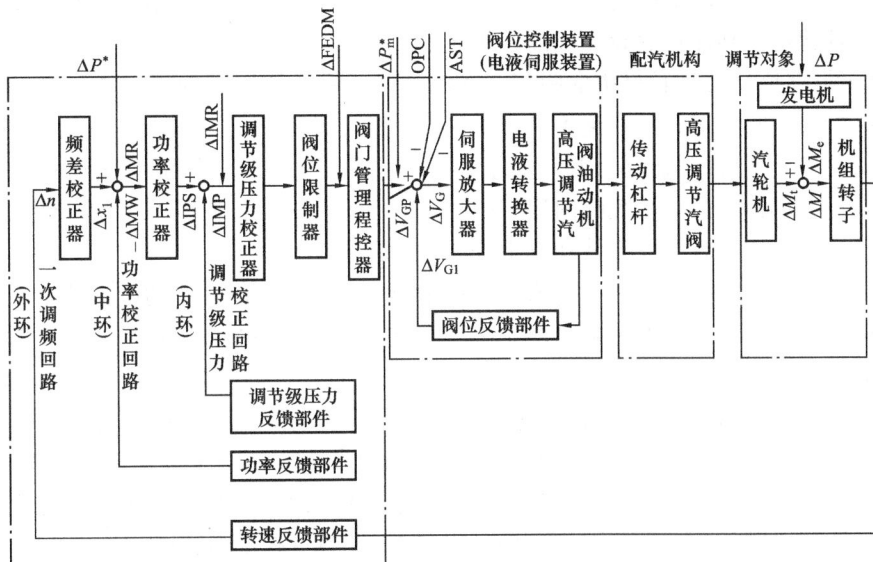

图 6-7　问答题 16（2）图

功率调节系统是由三个串级的回路构成，通过对高压调节汽阀的控制来控制机组的功率。这三个回路分别是：内环调节级压力（IMP）回路、中环功率（MW）调节回路和外环转速（WS）一次调频回路。负荷给定值经一次调频修正后变为功率给定值，经功率校正器修正后，变为调节级压力给定值，最后经过阀门管理器转换为阀位指令信号。三个回路可以有自动或手动两种运行方式的选择，为此可以构成各种运行方式如阀位控制、定功率运行、功—频运行、纯转速调节等。

功率调节系统可接受四种功率扰动信号；一是外界负荷扰动信号；二是自动控制方式下的功率给定值扰动信号；三是内部蒸汽参数扰动信号；四是手动控制方式下的手动功率阀位指令信号。

1）外界负荷扰动下的功率调节。若系统的三个主环（即三个主回路）及相应的子环（即阀位控制子回路）均为闭环控制结构，则系统处于功频调节方式。

系统的稳定条件是

$$\Delta V_{\mathrm{G}} = \Delta V_{\mathrm{GP}} - \Delta V_{\mathrm{GL}} = 0 \tag{6-1}$$

$$\Delta IMR = \Delta IPS - \Delta IMP = 0 \tag{6-2}$$

$$\Delta MR = \Delta REF1 - \Delta MW = 0 \tag{6-3}$$

$$\Delta M = \Delta M_{\mathrm{t}} - \Delta M_{\mathrm{e}} = 0 \tag{6-4}$$

当上述四个条件同时满足时，系统便达到了新的稳定状态。

2）功率给定值扰动下的功率调节。在自动控制方式下，系统的三个主环及相应的子环均为闭环控制结构。

若电网频率不变且为额定值，此时转速偏差信号 $\Delta n = 0$ 即 $n = n_0$，外环处于软阻断状态——相当于外环是开环结构，在同时达到子环、内环、中环的稳定性条件时，系统便达到新的稳定状态，此时机组实发功率与新的功率给定值相等。

若在功率给定值扰动的同时出现外界负荷扰动，则外环也参与调节，其总的调节效果可看成是由两种扰动单独作用后相叠加的结果。

3) 内部蒸汽参数扰动下的功率调节。在电液调节系统中，当内环、中环投入时，系统具有抗内扰能力，蒸汽参数的变化不会影响功率的稳定性。

当系统的稳定条件即式（6-1）～式（6-3）同时满足时，系统便达到了新的稳定状态，功率恢复到原稳定值。系统的内环、中环是通过改变调节汽阀的开度来补偿内部蒸汽参数扰动对功率的影响，从而能维持功率不变。

当系统的中环断开时，虽然可以依靠内环来抗内扰，但不能精确的维持功率不变。

当系统的内环断开时，虽然可以依靠中环来抗内扰，精确的维持功率不变。但调节的过渡过程时间长些。

4) 手动功率阀位指令扰动下的功率调节。在手动控制方式下，系统的三个主回路均在自动/手动切换点断开，所以全是开环结构，阀位控制子回路必须是闭环结构。其调节过程与手动转速阀位指令扰动下的转速调节过程基本相同。

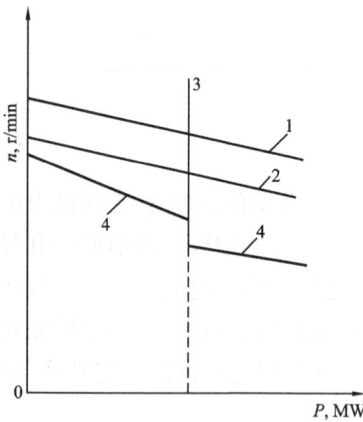

图 6-8　问答题 17 图

17. 答：调节系统的静态特性反映了转速和功率在稳定工况下的关系。在 DEH 调节系统中，机组稳定运行后，功率与转速应满足：$n=-\frac{1}{K}P+\left(n_0+\frac{\lambda_P}{K}\right)$（式中：$P$ 为发电机功率，MW；K 为频率校正环节的放大倍数，MW·min/r；λ_P 为设定值形成回路输出的功率给定值，MW；n、n_0 为机组的实际转速、额定转速，$n_0=3000$r/min；存在不灵敏区时，$|n-n_0|>$不灵敏区）。据此作出的 DEH 调节系统的静态特性曲线如图 6-8 所示。

（1）由于 DEH 系统采用了转速和功率反馈信号，系统功率—频率的静态特性（曲线 1）具有良好的线性关系。

（2）运行中变更功率给定值 λ_P，可使特性曲线平移（曲线 2），从而实现二次调频，保证频率稳定。

（3）转速不灵敏区可根据需要确定，当 Δn 取的足够大时，机组不参与一次调频，其出力只随功率设定值而变化（曲线 3），图中为一垂线。

（4）频率校正环节的放大倍数 K 反映了系统的速度变动率，改变 K 可以改变特性曲线的斜率；同时改变 K 和 Δn 可以改变斜率和纵切距（曲线 4），从而获得不同的系统特性。

18. 答：（1）双侧进油式油动机的特点。

1) 进油控制方式。双侧进油式油动机在调节过程中，当活塞上侧进油时下侧排油；当下侧进油时上侧排油。在稳定状态下，两侧既不进油也不排油。因此，必须配置断流式滑阀来控制油动机的进、排油，用以推动油动机活塞。

2) 油动机的提升力。油动机的提升力主要取决于活塞两侧的压差与活塞的面积。

3）油动机时间常数。油动机在动作时，开启与关闭调节汽阀的速度，取决于油动机活塞的移动速度，也就是取决于油动机活塞两侧的进、排油速度。

尽管双侧进油式油动机活塞走完全程所需扫过的容积不大，但由于油动机时间常数很小，因此流量很大。

双侧进油式油动机无论向哪个方向移动都依靠两侧油压差，因此，当压力油管破裂而失压时，活塞无法动作，致使调节汽阀无法关闭。

（2）单侧进油式油动机的特点。

1）进油控制方式。单侧进油式油动机在活塞的同一侧实现进、排油。在调节过程中，当需要开大调节汽阀时，油动机进油通道打开，活塞一侧进油，克服另一侧弹簧力作用，使活塞产生位移。当需要关小调节汽阀时，油动机活塞有油的一侧与排油接通，使活塞在另一侧弹簧力作用下移动。

2）油动机提升力。单侧进油式油动机开启调节汽阀时的提升力是作用在油动机活塞上的油压作用力与弹簧作用力之差。随着油动机活塞的上移，弹簧不断被压缩，其变形力不断增大，故提升力不断减小。油动机活塞在"全开位置"处的提升力最小。

在同样的油动机尺寸及油压条件下，单侧进油式油动机的提升力比双侧进油式油动机的提升力小，这是它的一个缺点。但是，单侧进油式油动机是靠弹簧力关闭的，不需要压力油，这不仅保证在压力油失去的情况下仍能可靠地关闭调节汽阀，而且可大大减少机组甩负荷时的用油量，这是其最大优点。

（3）油动机时间常数。单侧进油式油动机关闭调节汽阀的速度取决于弹簧力将油压出的速度。由于弹簧力与活塞位置有关，所以其速度是一个变量。

在相同几何尺寸及油压条件下，双侧进油式油动机时间常数小于单侧进油式油动机时间常数。但是，双侧进油式油动机时间常数受主油泵容量的限制而难以进一步减小，而单侧进油式油动机只要弹簧设计合理、滑阀的排油口足够大，就能将时间常数减小到需要的数值。使用单侧进油式油动机对提高调节系统稳定性、可靠性以及甩负荷性能都有益处。

19. 答：在前一个调节阀尚未开足时就开启后一个调节阀，即两阀升程之间具有一定的重叠度。

一般在前一阀开至阀门前后压比达 0.85～0.90 时开启后一阀。

若调节阀之间的重叠度太小，汽轮机总的升程—流量特性曲线将是波浪形的，这将直接影响调节系统静态特性的形状，以致出现机组对外界负荷适应性以及甩负荷动态超速等不允许的情况。若调节阀之间的重叠度太大，也将直接影响调节系统静态特性的形状，以致出现机组负荷不稳以及调节阀节流损失增加等。因而，两个阀之间的重叠度的选择应适当。

重叠度数值的大小表明前一个调节阀尚未开足就开启后一个调节阀时阀门前后压力或压比的关系。

20. 答：数字电液调节系统电液伺服机构的特点：①所有的控制系统都有一套独立的汽阀、油动机、电液伺服阀（开关型汽阀例外）、隔绝阀、止回阀、快速卸载阀和滤油器等，各自独立执行任务；②所有的油动机都是单侧油动机，其开启依靠高压动力油，关闭靠弹簧力，这是一种安全型机构，例如在系统漏"油"时，油动机向关闭方向动作；③执行机构是一种组合阀门机构，在油动机的油缸上有一个控制块的接口，在该块上装有隔绝阀、快速卸载阀和止回阀，并加上相应的附加组件构成一个整体，成为具有控制和快关功能的组合阀门机构。

数字电液调节系统电液伺服机构的组成：由伺服放大器、电液转换器、油动机及其位移反馈（LVDT）组成，是 DEH 的放大和执行机构。

电液转换器是将阀位偏差电信号经过转换放大而成为液压信号（调节油压），以此控制油动机的位移。电液转换器由力矩马达和液压放大两部分组成。力矩马达有动圈式和动铁式两种基本类型，它的作用是将电的信号转换成为机械位移信号；液压放大部分从结构上分为断流式（或滑阀式）和继流式（或称碟阀式）两种，它的作用是将机械位移信号放大并输出液压信号。力矩马达和液压放大的不同配合，就得到电液转换器的不同结构型式。

油动机用作调节信号的最后一级放大，油动机活塞位移用来控制调节汽阀的开度。

LVDT 的作用是把油动机活塞的位移（同时也代表调节汽阀的开度）转换成电压信号，反馈到伺服放大器前，与计算机送来的信号相比较，其差值经伺服放大器功率放大并转换成电流值后，驱动电液伺服阀、油动机直至调节汽阀。当调节汽阀的开度满足了计算机输入信号的要求时，伺服放大器的输入偏差为零，于是调节汽阀处于新的稳定位置。

21. 答：（1）数字电液调节系统高压调节汽阀执行机构的工作原理如图 6-9 所示。

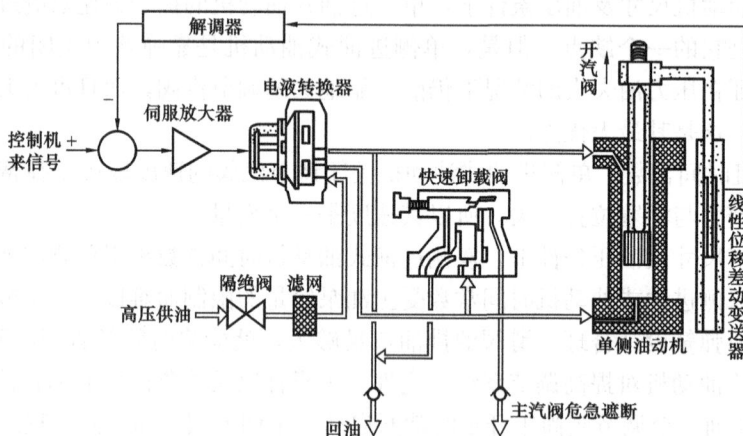

图 6-9　问答题 21（1）图

高压抗燃油经隔绝阀和 $10\mu m$ 滤油器到电液伺服阀，由伺服阀控制油动机。在 DEH 控制器中经计算机运算处理后的阀位指令信号在综合比较器中和线性差动变送器（LVDT）来的并经解调器处理后的负反馈信号相比较即相减，其差值信号经放大器放大后控制电液伺服阀，在电液伺服阀中将电气信号转换成位移信号，使伺服阀的主滑阀移动，并将液压信号放大后控制油通道。当增加负荷时，伺服阀使高压油进入油动机活塞下油腔，油动机活塞向上移动，经杠杆或连杆使汽阀开启；当减小负荷时，伺服阀使压力油自活塞下腔泄出，借助弹簧力使活塞下移而关小汽阀。只要阀位指令信号与活塞位移（LVDT 的反馈）的差值不为零，伺服阀就控制油动机的活塞位移。只有差值为零时，电液伺服阀的主滑阀回到中间位置，从而切断油动机的油通道，油动机停止运动。此时油动机活塞及阀门停留在 DEH 控制器所要求的位置上，从而控制了阀门的开度及汽轮机的进汽量。

高压调节汽阀的油动机旁，设有一个快速卸载阀，用于汽轮机故障需要停机时，通过安全油系统使遮断油总管失压，快速泄去油动机下腔的高压油，依靠弹簧力的作用，使汽阀迅速关闭，以实现对机组的保护。在快速卸载阀动作的同时，工作油还可排入油动机的上腔室，从而避免回油旁路的过载。

（2）数字电液调节系统中压主汽阀执行机构的工作原理如图6-10所示。

高压动力油自隔绝阀引入，经过一个固定节流孔板后直接进入油动机的下腔室，该节流孔板是用来限制油动机进油的，其作用一是开门时使汽阀缓慢开启，避免冲击；二是在危机遮断系统动作，大量卸去油动机下腔室的高压油并关闭主汽阀时，避免大量的高压油又自隔绝阀涌入，会使中压主汽阀的关闭速度减慢，仍有超速的危险。

快速卸载阀是由危机遮断总管油压控制的，当该总管油

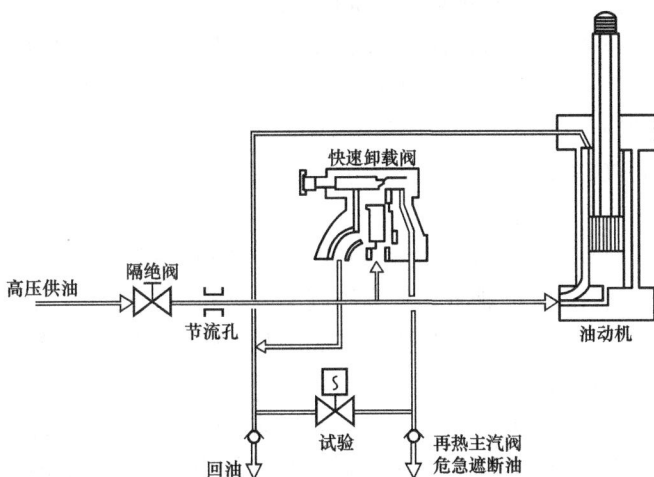

图6-10 问答题21（2）图

压被迫遮断时，通过快速卸载阀，迅速关闭中压主汽阀。该汽阀关闭的动力来自中压油动机重弹簧的约束力。此外，快速卸载阀的回油管与油动机的上腔室相连，因而瞬间排油也不会引起回油管的过载。

二位二通电磁阀用于遥控，它的开启可把遮断油泄去，使快速卸载阀杯形滑阀上部的油压失去，并将与油动机连通的油路卸油，从而使油动机迅速关闭。同样，进行试验时把旁路阀打开，也可使油动机关小或关闭。

22. 答：上海汽轮机厂生产的引进型300MW机组的危急遮断项目和参数为：①超速保护，转速达到110％n_0时遮断机组；②轴向位移保护，以轴向位移的定位点3.56mm为基准，机头方向超过2.54mm或发电机方向超过4.57mm时，遮断机组，这种限定意味着极限位移离基准位置的两侧各有1mm左右；③轴承供油低油压和回油高油温保护，轴承供油油压低到34.47～48.26kPa时遮断机组；④EH（抗燃）油低油压保护，EH油压低到9.31MPa时遮断机组；⑤凝汽器低真空保护。汽轮机的排汽压力高于20.33kPa时遮断机组。

此外，DEH系统还提供一个可接受所有外部遮断信号的遥控遮断接口，以供运行人员紧急时使用。

23. 答：（1）电气危急遮断保护系统。

电气危急遮断保护系统分两种情况。一是在机组运行中，为防止部分设备失常造成机组严重损坏，装有自动停机危急遮断系统（AST），当发生异常情况时，关闭所有进汽阀，立即停机；二是超速保护遮断控制系统（OPC），使高压调节汽阀及中压调节汽阀（再热调节汽阀）暂时关闭，减少汽轮机进汽量及功率，但不能是汽轮机停机。因此机组设有相应的自动停机危急遮断油路（AST油路）和超速保护控制油路（OPC油路）。OPC油路仅控制高压调节阀和中压调节阀，AST油路控制高压主汽阀和中压主汽阀并通过OPC油路控制高压

调节阀和中压调节阀。

引进技术生产的 300MW 汽轮机 DEH 调节系统的电气危急遮断保护系统有两个 OPC 电磁阀、四个 AST 电磁阀、两个逆止阀和空气引导阀等组成。

1) 超速保护电磁阀（OPC 电磁阀）。

两个 OPC 电磁阀由 DEH 调节器的 OPC 系统控制。机组正常运行时，该阀是关闭的，切断了 OPC 总管的泄油通道，使高、中压调节汽阀油动机活塞的下腔室能建立油压，起到正常调节作用。当 OPC 系统动作，例如转速达到 $103\%n_0$ 时，该电磁阀被激励信号所打开，使 OPC 总管泄去安全油，快速卸载阀随之打开并泄去油动机的动力油，使高压缸和中压缸的调节汽阀关闭。

两只 OPC 电磁阀并联布置，这样即使一路拒动，另一路仍可动作，即可使超速保护控制油路（OPC）泄放，使高压调节汽阀和中压调节汽阀关闭。这样便提高了超速保护控制的可靠性。另外，还可以进行在线试验，即当对一个回路进行在线试验时，另一回路仍具有连续的保护功能，避免了保护系统失控。

当 OPC 电磁阀动作，使 OPC 油管中油泄放后，高压调节汽阀和中压调节汽阀则关闭，但如果当调节汽阀暂时关闭后，转速回到 103％以下时，则 DEH 控制器的 OPC 控制又使 OPC 电磁阀关闭，OPC 油管中的油压重新建立。这样高压调节汽阀和再热调节汽阀就可重新开启。

2) 自动停机危急遮断电磁阀（AST 电磁阀）。

该系统中有四个 AST 电磁阀，它们是受危急跳闸装置（ETS）电气信号所控制。AST 电磁阀在正常运行时是被励磁关闭，从而封闭了自动停机危急遮断总管中抗燃油的泄油通道，使所有蒸汽阀执行机构活塞下的油压建立起来，当电磁阀打开，则 AST 总管泄油，导致所有蒸汽阀关闭停机。四个 AST 电磁阀组成串并联布置，这样具有多重保护性，每个通道中至少必须有一只电磁阀打开，才可导致停机。

危急跳闸装置（ETS）监视机组的某些重要运行参数，当这些参数超过安全运行极限时，将通过此装置给出接点控制信号去控制 AST 电磁阀，使汽轮机的主汽阀和调节汽阀迅速关闭，以保证机组的安全。

3) 单向阀（逆止阀）。

两个单向阀分别安装在自动停机危急遮断油路（AST）和超速保护控制油路（OPC）之间，当 OPC 电磁阀动作，OPC 油路泄压，此时高压调节汽阀和再热调节汽阀关闭而单向阀可维持 AST 油压，使主汽阀和再热主汽阀保持全开。当转速降到额定转速时，OPC 电磁阀关闭，高压调节汽阀和再热调节汽阀重新打开，从而有调节汽阀来控制转速，使机组维持额定转速。当 AST 电磁阀动作，OPC 油路通过两个单向阀，油压也下跌，将关闭所有的进汽阀与抽汽阀而停机。

4) 空气引导阀。

空气引导阀安装在汽轮机前轴承座旁边，该阀用于控制供给汽动抽汽逆止阀的压缩空气，为 EH 油、压缩空气和排大气提供了接口，该阀是一个油缸体上带钢柱的青铜阀体，附在阀杆上的弹簧提供了关闭阀门所需的力。

当 OPC 母管有压力时，空气引导阀的提升头便封住了排大气的孔口，使压缩空气通过此阀；当 OPC 母管无压力时，该阀由于弹簧力的作用而关闭，封住压缩空气的通路。截留到抽汽逆止阀去的管道中的压缩空气经过大气阀孔口排放，这使得抽汽逆止阀快速关闭。

（2）机械超速遮断危急遮断系统。

机械超速遮断装置由机械超速保安器与机械超速遮断油门两部分组成。机械超速保安器实质上是转速超限时的危急信号发送器，按其结构特点可分为飞锤式和飞环式两种。

飞锤式超速保安器主要由飞锤、压弹簧、调整螺帽等组成。飞锤的重心与汽轮机转子旋转轴中心偏离一定的距离，所以又称作偏心飞锤。在转速低于飞锤的动作转速时，压弹簧对飞锤的作用力大于飞锤所受的离心力，飞锤不动作；当转速升高到略大于飞锤的动作转速时，飞锤所受的离心力增大到略超过压弹簧的作用力，飞锤动作，迅速向外飞出。随着飞锤向外飞出，飞锤的偏心距增大，离心力相应不断增大，同时弹簧的压缩增加，因此弹簧力也随之增加，但是离心力的增大速度大于弹簧力的增大速度，所以，飞锤一经飞出，就一直走完全程，到达极限位置时为止。随着飞锤向外飞出，通过传动机构，将机械超速遮断油门打开，使机械脱扣油母管中的油压快速下跌，通过隔膜阀最终导致所有主汽阀、调节汽阀及抽汽逆止阀关闭，实现紧急停机。

汽轮机在正常运行时，从机械超速和手动停机总管来的油供到隔膜上部，克服隔膜下部弹簧力的作用，将阀芯紧压在阀座上，切断了自动停机危急遮断总管中的高压抗燃油的泄油通道。当机械超速遮断装置或手动危急遮断装置动作后，机械超速和手动停机总管的油压快速下跌，在弹簧力的作用下，隔膜带动阀芯迅速向上移动，从而打开了自动停机危急遮断油路的泄放通道，导致自动停机危急遮断油压力快速下跌，机组停机，同时保证润滑油和抗燃油彼此互不接触。

另外调节系统还设有手动危急遮断装置。该装置通常装在机头轴承箱上。根据紧急停机或正常停机需要，通过现场手动操作，打开机械脱扣油母管的泄放通道，使机械脱扣油压快速下跌，继而引起所有主汽阀、调节汽阀及抽汽逆止阀关闭，达到停机的目的。

24. 答：供油系统的主要作用是：①供给轴承润滑系统用油；②供给调节系统与危急遮断保护系统用油。

采用汽轮机油的供油系统主要由油箱、离心式主油泵、注油器Ⅰ、注油器Ⅱ、高压交流油泵、交直流润滑油泵、滤油器、冷油器等组成。

离心式主油泵：由汽轮机主轴直接驱动，供给调节系统与危急遮断保护系统用油；向注油器Ⅰ与注油器Ⅱ提供动力油。

注油器Ⅰ：向主油泵进口提供正压供油。

注油器Ⅱ：保证供应正常油压的润滑油。

高压交流油泵：其出口压力与主油泵出口压力相近（或略低些），容量小些。高压交流油泵在汽轮机启动时代替主油泵工作。当汽轮机升速至接近于额定转速时，主油泵出口压力略大于系统中的油压，由逆止阀自动内切换，使系统由高压交流油泵供油自动转换到主油泵供油，这时可将高压交流油泵停下。

交直流润滑油泵：它是一低压油泵，可分别由两侧的交流电动机、直流电动机驱动。当系统中的润滑油压下降到某一限定值时，低油压发信器将发出信号，自启动交流电动机；在系统润滑油压低于另一更低的限定值时自启动直流电动机，从而保障润滑油系统不断油。在启动高压交流油泵前启动交直流润滑油泵，以便在较低油压下将油管中的空气赶尽，以防高压油突然进入管道引起油击现象。

滤油器：过滤油中的杂质。

冷油器：调节润滑油温在正常范围内。

采用抗燃油的供油系统：主要由 EH 油箱、高压油泵、控制单元、蓄能器、过滤器、冷油器、抗燃油再生装置及其他有关部套组成。

EH 油箱：向 EH 系统供应充足的符合温度要求的抗燃油。

高压油泵：向油动机提供符合要求的压力油。

控制单元：滤网用于滤去油中的污物；卸荷阀用于控制系统中的压力；逆止阀可防止抗燃油从 EH 油系统通过卸荷阀反流进入油箱；安全阀（过压保护阀）用以防止 EH 油系统油压过高。

冷油器：调节 EH 油温在正常范围内。

蓄能器：高压蓄能器用于维持系统油压在卸荷阀两个动作油压之间的相对稳定，以防止卸荷阀或过压保护阀反复动作；低压蓄能器在回油管路上起调压室的缓冲作用，减小回油管中的压力波动。

抗燃油再生装置：它是一种用来储存吸附剂和使抗燃油得到再生的装置。再生的目的是油保持中性，并去除油中的水分等。

25. 答：抗燃油是一种三芳基磷酸脂的合成油，它具有良好的润滑性能、抗燃性能和流体稳定性，自燃点为 560℃ 以上。因而在事故情况下，当有高压动力油泄漏到高温部件上时，发生火灾的可能性大大降低。但抗燃油价格昂贵，且有一定腐蚀性，并对人体健康有影响，不宜在润滑系统内使用，因而设置单独的抗燃油供油系统，常称为 EH（Electric Hydrolic）油系统。汽轮机油的闪点、燃点自燃温度都远低于抗燃油，易引起火灾。

第 7 章

汽 轮 机 运 行

7.1 学习目标与要求

（1）能分析讲述汽轮机的受热特点。

（2）能分析影响汽轮机运行的三大关键性因素即热应力、热变形和热膨胀。

（3）能讲述汽轮机寿命和寿命管理的基本概念，能说明汽轮机寿命管理的基本方法。

（4）能讲述并分析汽轮机启动的方法，能简要说明汽轮机启动的一般规律和主要步骤。

（5）能讲述并分析汽轮机的停机方法，能简要说明汽轮机停机的一般规律和主要步骤。

（6）能讲述并分析汽轮机停机后的快速冷却。

（7）知道汽轮机典型事故处理的原则和几种汽轮机典型事故的危害、现象、原因和处理方法。

7.2 基 本 知 识 点

一、汽轮机启停时应注意的主要问题

汽轮机的启动与停机是汽轮机运行中的两个重要阶段，它影响着汽轮机的可靠性、经济性和使用寿命。由于各部件所处的条件不同，它们被加热或冷却的速度也不同，故在各部件之间或部件本身沿壁厚方向产生明显的温差。温差的存在，导致产生热应力、热膨胀、热变形、振动等。

1. 汽轮机的受热特点

当汽轮机冷态启动时，温度较高的蒸汽与冷的金属部件接触，这时主要以凝结换热的方式将蒸汽的热量传给金属壁面。由于凝结放热系数很高，且随压力升高而增大，所以汽轮机的通流部分金属表面包括汽缸内壁和转子表面温度很快上升到该蒸汽压力下所对应的饱和温度。

当汽缸内壁和转子表面温度高于蒸汽压力下对应的饱和温度后，蒸汽主要以对流换热方式向金属传热。蒸汽的对流放热系数远小于凝结放热系数且不断变化，其大小主要取决于蒸汽流速和比体积。通常蒸汽流速越高，比热容越大，放热系数越大，传热量越大，从而使接触金属表面的温升率越大。因此，在启动过程中可以通过改变蒸汽的压力、温度、流量、流速等方法控制蒸汽对接触金属表面的对流放热量，从而把金属温升率控制在允许范围内。

汽轮机各金属部件本身的换热过程是热传导过程。如汽缸壁的传热过程是：内壁以热对流形式吸收蒸汽的热量，然后通过热传导方式传给外壁。因为汽缸内外壁之间存在热阻，所以由傅里叶导热定律可知在汽缸壁内部存在温度梯度，因此产生汽缸内外壁温差。

2. 热应力

金属与蒸汽的温度差使各金属部件产生膨胀或收缩变形，受约束的热变形就产生热应力。产生热应力的条件是：①存在温差；②受约束。另外材质不均也会导致热应力的产生。例如在启动过程中，汽缸内壁面受热膨胀，由于受到较低温度的外壁面的制约，从而内壁面

产生压应力，外壁面产生拉应力，即热应力产生的规律是"热压冷拉"。停机过程与启动过程相反，因此汽轮机每启停一次，部件就受到压缩与拉伸的一次循环的交变应力。当启停频繁时，就形成低频率的交变应力。当热应力超过金属的许用应力值时，产生永久性的塑性变形。随着运行时间的增长，部件表面就会产生裂纹，使出现疲劳损伤，以致发生转子断裂事故。

(1) 控制汽缸的热应力。控制汽缸的热应力是通过控制汽缸内外壁温差来实现的，汽缸内外壁温差 Δt 允许的最大值取决于式（7-1）：

$$\Delta t = \frac{[\sigma](1-\mu)}{\varphi E \alpha_1} \tag{7-1}$$

Δt 的大小与汽缸内壁的温度变化率（加热或冷却的速度）及汽缸厚度的平方成正比。汽缸内壁温度变化率的大小与汽轮机的启停速度有关。对于较大容量的汽轮机汽缸壁通常做得很厚，故需严格控制汽缸内壁温度变化率。

(2) 法兰的热应力。对于大容量汽轮机的法兰，厚度通常很大，热阻很大，因此在法兰处常常出现最大温差，是热应力影响较大的区域。法兰本身除受热应力外，还要加上螺栓紧力和法兰与螺栓之间由于空气间隙存在产生温度差而引起的热应力。为防止热应力过大，在法兰上常常装有加热装置，并严格控制其内外壁温差，减小法兰与螺栓间的温度差。

由于法兰内外壁温差较汽缸内外壁温差大，在很多场合这个温差可作为控制汽轮机启动速度的主要指标。

(3) 螺栓的热应力。螺栓的热拉应力随法兰和螺栓的温差 Δt 的增大而增大。采用滑参数启动时，法兰和螺栓的温差一般不会成为影响机组升速及带负荷速度的因素。但是，当使用法兰加热装置但调整不当时，有可能造成较大的温差，此时螺栓的热应力将是值得注意的问题。法兰内外壁温差使法兰沿宽度方向的各处在高度、厚度上膨胀不均，因而使螺栓产生弯曲应力。

(4) 转子的热应力。一般用监视和控制调节级汽缸内壁温度变化率的方法来控制转子的热应力。

3. 热膨胀与热变形

(1) 热膨胀。汽缸的热膨胀

$$\Delta L_{cy} = \alpha_{cy} \Delta t_{cy} L_{cy}$$

式中　ΔL_{cy}——汽缸的轴向热膨胀值，mm；

　　　α_{cy}——汽缸材料线膨胀系数，1/℃；

　　　Δt_{cy}——汽缸的平均温升，℃；

　　　L_{cy}——汽缸的轴向长度，mm。

一般通过检测调节级处法兰内壁温度来检测汽缸的纵向膨胀。

转子与汽缸沿轴向膨胀之差称为胀差或差胀。一般规定，当转子的纵向膨胀值大于汽缸的轴向膨胀值时，胀差为正；反之，胀差为负值。按此规定，在启动和增负荷过程中产生正胀差，停机和减负荷过程中产生负胀差。

正胀差使动叶与下级静叶入口间隙减小；负胀差使本级动、静叶间隙减小。无论正负胀差，当超过允许值时，都将发生动静部件间的轴向摩擦而损坏。因此，启动、停机过程中必须将胀差控制在允许范围内。

机组胀差的变化主要与下列因素有关：①主、再热蒸汽的温升、温降率；②轴封供汽温度的高低以及供汽时间的长短；③蒸汽加热装置的投入时间及所用汽源；④暖机时间的长短；⑤凝汽器真空的变化；⑥负荷变化速度；⑦摩擦鼓风损失；⑧转子回转（泊桑）效应等。

由于转子与汽缸的胀差主要取决于蒸汽温度的变化率，所以在运行中，通过控制其大小把胀差控制在允许范围内。

（2）热变形。

1）上下汽缸温差引起的热变形。

汽轮机在启停过程中，上下汽缸往往出现温差，且上缸温度高于下缸温度。主要原因如下：①下缸散热面积大且布置有回热抽汽管道和疏水管道；②在汽缸内热蒸汽上升，而经汽缸金属壁冷却后的凝结水流至下缸形成较厚的水膜，使下缸受热条件恶化，且疏水不良时更差；③一般情况下，下汽缸的保温不如上缸，且下汽缸的保温材料容易因机组振动而脱落；④下汽缸置于温度较低的运行平台以下并造成空气对流，使上下汽缸的冷却条件不同而产生温度差。

上下汽缸温差引起汽缸"拱背翘曲"。

减小上下缸温差采取的措施：①控制蒸汽温升率；②尽可能使高压加热器随汽轮机一起启动投入；③保证疏水通畅；④下汽缸采用较好的保温结构并选用优质保温材料；⑤在下汽缸可加装挡风板，以减少空气对流。

2）汽缸内外壁和法兰内外壁温差引起的热变形。

当内壁温高于外壁时，内壁金属伸长较多，使法兰在水平面产生热弯曲。法兰的热弯曲使汽缸中部横截面由圆形变为立椭圆，使前后截面变为横椭圆，相应段的法兰分别产生内张口和外张口。立椭圆使水平方向的动静部件间的轴向间隙减小，横椭圆使垂直方向上下的动静部件间的径向间隙减小，都有可能造成动静部件的碰磨。

汽缸法兰内外壁温差，也会引起垂直方向的变形。当法兰内外壁温差消失后，原为横椭圆的法兰结合面出现内张口，原为立椭圆的法兰结合面出现外张口，从而造成汽轮机运行中的汽缸结合面漏汽。同时，还将使螺栓拉应力增人，导致螺栓拉断或螺帽结合面压坏等事故的发生。

汽缸法兰产生上述变形的根本原因是汽缸、法兰内外壁温差过大。因此汽轮机在运行中，必须将汽缸、法兰内外壁温差控制在规定范围内。

3）转子的热弯曲。

引起转子弯曲的原因有很多，主要包括：①启停时上下缸温差大，启动盘车装置过晚或停过早，使转子局部过热，产生弯曲；②处于热态的机组，汽缸内进冷汽、冷水，使转子上下出现过大温差，产生的热应力超过屈服极限，产生转子弯曲；③转子材料本身存在过大内应力，在高温下工作使转子弯曲；④套装在转子上的叶轮偏斜、憋劲和产生相对位移，造成转子弯曲；⑤上下缸法兰内外壁存在较大的温差，汽缸变形较大，此时冲动转子，使动静部分发生摩擦、过热引起转子弯曲等。

转子热弯曲使转子质量中心发生偏移而产生不平衡离心力。一般情况下，汽轮机在额定转速时，当转子不平衡离心力超过转子质量的 1/20，机组就会振动。

当转子弯曲大于动静部件的径向间隙时，将产生动静摩擦可能产生转子产生永久性（塑性）弯曲变形事故。故启动及运行时要求转子弯曲应不超过规定值。

4. 汽轮机的寿命管理

汽轮机的寿命指的就是转子的寿命。一般分为无裂纹寿命和剩余寿命两种。所谓无裂纹寿命是指转子从初次投入运行到转子出现第一条工程裂纹（约 0.5mm 长，0.15mm 深）期间能承受的交变载荷的次数。所谓剩余寿命是指从产生第一条工程裂纹开始直到裂纹扩展到临界裂纹所经历的交变载荷的次数。无裂纹寿命和剩余寿命之和就是转子的总寿命。

汽轮机寿命管理的任务就是正确评价汽轮机部件的寿命（包括无裂纹寿命和剩余寿命），合理分配机组各种工况下的寿命损耗率。

汽轮机寿命管理包含两层内容：第一是如何合理分配、使用汽轮机的寿命，制定汽轮机寿命分配表，指导运行，以取得最大的经济效益；第二是进行汽轮机寿命的离线或在线监测，对汽轮机寿命和实际损耗做到心中有数，保证汽轮机的安全运行。

二、汽轮机的启动与停机

1. 限制汽轮机启停速度的因素

限制汽轮机启停速度的因素有蒸汽的温升率、汽缸内外壁温差、法兰内外壁温差、法兰与螺栓之间的温差、左右法兰间的温差、上下缸温差、汽缸的绝对膨胀值、转子与汽缸的胀差、轴或轴承的振动值以及高中压合缸机组的主蒸汽和再热蒸汽的温差等。

2. 汽轮机的启动方式

（1）按启动过程中新汽参数是否变化分类。

额定参数启动。在启动过程中，电动主汽门前的新蒸汽参数始终保持额定值。

滑参数启动。启动过程中电动主汽门前的新蒸汽参数随转速、负荷的升高而滑升。滑参数启动又分为真空法滑参数启动和压力法滑参数启动。

（2）按冲转时进汽方式分类。

高中压缸联合启动。启动时，蒸汽同时进入高中压缸冲动转子。

中压缸启动。汽轮机启动时，关闭高压汽阀，开启中压调节汽门，利用高低压旁路系统，先从中压缸进汽冲转，升到一定负荷（称切换负荷后），切换为高中压缸联合运行方式。

（3）按控制进汽量的阀门分类。

调节汽门启动。启动时电动主汽门和自动主汽门全部开启，进汽量由调节汽门控制。

自动主汽门和电动主汽门（或旁路门）启动。启动前，调节汽门全开，进汽量由自动主汽门和电动主汽门（或旁路门）控制。

（4）按启动前汽轮机金属（调节级处高压内缸或转子表面）温度水平或停机时数分类。

冷态启动：金属温度低于 150～180℃（或停机一周及以上）。

温态启动：金属温度在 180～350℃之间（或停机 48h）。

热态启动：金属温度在 350～450℃之间（或停机 8h）。

极热态启动：金属温度在 450℃以上（或停机 2h）。

3. 冷态滑参数启动

以 N300 - 16.17/550/550 汽轮机采用调节汽门冲转为例，主要步骤如下：

（1）启动前的准备；

（2）锅炉点火与暖管、暖机；

（3）冲转及升速暖机；

（4）并网和带负荷。

4. **热态滑参数启动**

（1）热态启动的注意事项：①大轴晃动度不得超过规定值；②上下缸温差不得超出规定范围，一般规定调节级处上下缸温差不得超过 50℃；③进入汽轮机的主蒸汽和再热蒸汽应分别比高压缸调节级汽室和中压缸进汽室的金属温度高 50～100℃，并要求有 50℃的过热度；④在连续盘车的前提下，先向轴封送汽，后抽真空，轴封供汽参数视汽缸金属温度而定，先投轴封供汽的目的是防止冷空气在抽真空时被吸入汽缸，使转子收缩，引起前几级进汽侧轴向间隙减小，使负胀差超过允许值；⑤法兰螺栓和汽缸夹层加热装置应根据汽缸温度水平和胀差灵活运用；⑥在升速过程中机组发生异常振动，特别是中速以下，汽轮机振动超过规定值（如 0.04mm），应立即打闸停机，投入连续盘车。

（2）主要操作步骤。汽轮机热态启动的主要步骤与冷态启动大致相同。与冷态的最大区别是汽轮机所处温度水平不同，启动关键是防止汽缸、转子被冷却。

以 200～250r/min 的升速率升至额定转速，定速后机组正常应立即并网。升速过程一般为 5～10min。以每分钟增加 5％额定负荷的升负荷率带到初始负荷暖机。所谓初始负荷是指在正常运行情况下，与热态启动汽轮机相同的汽缸温度所对应的负荷。可根据汽缸温度，由该机冷态启动曲线查得。按冷态启动曲线增加负荷至额定值。

5. **中压缸启动**

（1）中压缸启动方式。中间再热机组在冲转前倒暖高压缸，但启动初期高压缸不进汽，由中压缸进汽冲转，机组带到一定负荷后，再切换到常规的高、中压联合进汽方式，直到机组带满负荷，这种启动方式称为中压缸启动。中压缸启动分为冷态中压缸启动和热态中压缸启动。

（2）中压缸启动的优越性：①缩短启动时间；②汽缸加热均匀，安全性好；③对特殊工况（主要指空负荷和极低负荷或单机带厂用电运行）具有良好的适应性，采用中压缸启动方式，只要关闭高排逆止门，维持高压缸真空，汽轮机即可长时间安全空负荷运行；同样只要打开旁路，隔离高压缸，汽轮机就能在很低的负荷下长时间运行；④控制低压缸尾部温度水平；⑤提前越过脆性转变温度。

6. **汽轮机停机**

（1）停机方式。

正常停机。正常停机是指根据电网的需要，有计划的停机。

1）额定参数停机。额定参数停机时，主蒸汽参数保持不变，依靠关小调节汽门逐渐减负荷到零，直到转子静止。

2）滑参数停机。滑参数停机就是在调节汽门接近全开位置并保持开度不变的条件下，依靠主蒸汽、再热蒸汽参数的降低来卸载，降低转速直至停机。

故障停机。故障停机包括一般故障停机和紧急故障停机。一般故障停机，即做好联系工作后停机；紧急故障停机，就是严重危及设备的安全而被迫停机。

（2）滑参数停机。

主要步骤：①停机前的准备；②减负荷；③解列发电机停机和转子惰走；④盘车。

注意事项：①滑停时，最好保证蒸汽温度比该处金属温度低 20～50℃为宜，过热度始终保持 50℃，低于该值，开疏水门或旁路门；②控制降温降压速度。新蒸汽平均降温速度为 1~2℃/min，降压速度为 19.7kPa/min，当蒸汽温度低于高压内上缸壁温 30~40℃时，停止降温；③不同负荷阶段降温降压速度不同。较高负荷时，可快些，低负荷时，降温降压应缓慢进行，以保证金属降温速度比较稳定；④正确使用法兰螺栓加热装置，以减小法兰内外壁温差和汽轮机的胀差；⑤减负荷应等到再热汽温接近主蒸汽温度时，再进行下一次的降压；⑥滑停时，不准做汽轮机的超速试验。

（3）停机后的快速冷却。

蒸汽强制冷却。因为蒸汽比热容大，强制对流放热系数也大，所以用低温低压的蒸汽冷却汽轮机可获得较高的冷却速度。冷却用的汽源可以有以下三种：取自邻炉或邻机的抽汽；取自除氧器平衡管；利用锅炉余热或投锅炉底部加热产生微量蒸汽。

空气强制冷却。在空冷时，空气量及放热系数均远小于蒸汽，因而热应力小，且容易控制。空冷因属于无相变换热，对汽轮机本身安全有利。空气强制冷却按引入方式的不同分为两类：压缩空气冷却和抽真空吸入环境空气冷却。根据空气引入的位置不同，压缩空气冷却方式可分为顺流冷却和逆流冷却两种。抽真空冷却一般为逆流式。

三、汽轮机的典型事故处理

事故处理的原则：①事故发生时切忌主观、片面，应根据有关仪表指示、设备外部特征、声音、气味等进行综合分析，迅速准确判断出产生事故原因、部位、范围，并尽可能及时向上级汇报，以便统一指挥；②在事故处理中坚守岗位、沉着冷静，抓住重点进行操作处理，迅速消除事故，保证人身和设备安全；③保证所有非事故设备的安全运行，并加强对公用系统的监视与调整；④事故消除后，应将事故的原因、事故的发展过程、损坏的范围、恢复正常运行采取的措施、防止类似事故发生的方法和事故发生时的监视过程以及机组主要技术参数做好详细记录。

1. 真空下降
（1）危害。
（2）现象。
（3）真空急剧下降的原因与处理。
（4）真空缓慢下降的原因与处理。

2. 汽轮机进水
（1）危害。
（2）现象。
（3）产生原因。
（4）处理原则。
（5）预防措施。

3. 汽轮机大轴弯曲
（1）危害。
（2）产生原因。
（3）防止大轴弯曲的措施。

4. 汽轮机叶片损坏
（1）叶片断落的一般特征。
（2）叶片损坏的原因。

(3) 处理方法。

(4) 预防措施。

5. 汽轮机轴承损坏

(1) 危害。

(2) 产生原因。

(3) 处理原则。

(4) 预防措施。

6. 油系统着火

(1) 危害。

(2) 着火原因。

(3) 处理原则。

(4) 预防措施。

7. 厂用电中断

(1) 厂用电部分中断。原因：给水泵电源失去，凝结水泵电源失去，循环水泵电源失去。

(2) 厂用电全部失去。

现象及处理原则。

7.3　重点难点与学习建议

一、本章重点

(1) 汽轮机的受热特点。

(2) 影响汽轮机运行的三大关键性因素即热应力、热变形和热膨胀。

(3) 汽轮机寿命和寿命管理。

(4) 汽轮机启停的方法及汽轮机启停的一般规律和主要步骤。

二、本章难点

(1) 汽轮机的受热特点及热应力、热变形和热膨胀。

(2) 汽轮机的寿命管理。

(3) 汽轮机典型事故的危害、现象、原因和处理方法。

三、本章学习建议

(1) 本部分内容先理解基本概念如热应力、热变形和热膨胀，然后结合汽轮机分析其产生的应力性质及变形和膨胀的规律。

(2) 学习本部分内容时应结合电站仿真机组的运行训练或电厂汽轮机的运行操作来加深理解和掌握。

7.4　习题与参考答案

习　　题

一、名词解释（解释下列概念）

1. 热应力

2. 低周疲劳

3. 汽轮机的寿命

4. 胀差

5. 滑参数启动

6. 中压缸启动

二、填空题（将适当的词语填入空格内，使句子正确、完整）

1. 当汽轮机冷态启动时，温度较高的蒸汽与冷的金属部件接触，这时主要以_____换热的方式将蒸汽的热量传给金属壁面。

2. 当汽缸内壁和转子表面温度高于蒸汽压力下对应的饱和温度后，蒸汽主要以_____换热方式向金属传热。

3. 在启动过程中可以通过改变_____等方法控制蒸汽对接触金属表面的对流放热量，从而把金属温升率控制在允许范围内。

4. 在汽轮机的启动过程中，汽缸内壁产生_____应力，汽缸外壁产生_____应力。

5. 一般规定，当转子的纵向膨胀值大于汽缸的轴向膨胀值时，胀差为_____；反之，胀差为_____值。

6. 上下汽缸温差引起的汽缸变形规律是_____。

7. 在汽轮机启动过程中，法兰内外壁温差引起的汽缸热变形规律是汽缸中部横截面由圆形变为_____，前后截面变为_____。

8. 汽轮机寿命的损耗主要为_____和_____对汽轮机寿命的损耗。

9. 汽轮机停机以后的快速强制冷却根据冷却介质的不同分为_____冷却和_____冷却。

10. 汽轮机启动中的中速暖机是防止金属材料的_____和避免过大的热应力。

三、判断题〔判断下列命题是否正确，若正确在（　　）内打"　"，错误在（　　）内打"×"〕

1. 汽轮机的相对胀差为零时说明汽缸和转子的膨胀为零。（　　）

2. 汽轮机从冷态启动、并网、稳定工况运行到减负荷停机，转子表面、转子中心孔、汽缸内壁、汽缸外壁等的热应力刚好完成一个交变热应力循环。（　　）

3. 当汽轮机金属温度等于或高于蒸汽温度时，蒸汽的热量以对流方式传给金属表面，以导热方式向蒸汽放热。（　　）

4. 汽轮机的合理启动方式是寻求合理的加热方式，在启动过程中使机组各部件热应力、热膨胀、热变形和振动等维持在允许的范围内，启动时间越长越好。（　　）

5. 汽轮机热态启动并网，达到起始负荷后，蒸汽参数可按照冷态启动曲线滑升（升负荷暖机）。（　　）

6. 汽轮机冷态启动中，从冲转到定速，一般相对胀差出现正值。（　　）

7. 汽轮机热态启动的关键是恰当选择冲转时的蒸汽参数。（　　）

8. 汽轮机正常停机，当转子静止即应启动盘车，连续运行。（　　）

9. 汽轮机启动时先送轴封汽后抽真空是热态启动与冷态启动的主要区别之一。（　　）

10. 为防止汽轮机金属部件内出现过大的温差，在汽轮机启动中温升率越小越好。（　　）

11. 汽轮机动叶片结垢将引起轴向位移正值增大。（　　）

12. 单元汽轮机组冷态启动时，一般采用低压微过热蒸汽冲动汽轮机转子。（　　）

13. 蒸汽与金属间的传热量越大，金属部件内部引起的温差越小。（　　）

14. 汽轮机在稳定工况下运行时，汽缸和转子的热应力趋近于零。（　　）

四、选择题 [下列各题答案中选一个正确答案编号填入（　　）内]

1. 汽轮机变工况运行时，容易产生较大热应力的部位有（　　）。

A. 汽轮机转子中间级处； 　　　　　B. 高压转子第一级出口和中压转子进汽区；

C. 转子端部汽封处； 　　　　　D. 中压缸出口处。

2. 滑参数停机时，不能进行超速试验的原因是（　　）。

A. 金属温度太低，达不到预定转速； 　　B. 蒸汽过热度太小，可能造成水冲击；

C. 主汽压不够，达不到预定转速； 　　D. 调速汽门开度太大，有可能造成超速。

3. 大容量汽轮机停机从 3000r/min 打闸时，（　　）突增的幅度较大。

A. 高压胀差； 　　　　　B. 中压胀差；

C. 低压胀差； 　　　　　D. 高、中压胀差。

4. 运行中汽轮发电机突然关闭主汽门，发电机将变成（　　）运行。

A. 同步电动机； 　　　　　B. 异步电动机；

C. 异步发电机； 　　　　　D. 同步发电机。

5. 滑参数停机的主要目的是（　　）。

A. 利用锅炉余热发电；

B. 平滑降低参数增加机组寿命；

C. 防止汽轮机超速；

D. 较快地降低汽轮机缸体温度，利于提前检修。

6. 汽轮机热态启动时，一般规定转子的最大弯曲值不允许超过（　　）。

A. 0.03～0.04mm； 　　　　　B. 0.3～0.4mm；

C. 0.05～0.06mm； 　　　　　D. 0.5～0.6mm。

7. 汽轮机热态启动时若出现负胀差主要原因是（　　）。

A. 冲转时蒸汽温度过高； 　　　　　B. 冲转时主蒸汽温度过低；

C. 暖机时间过长； 　　　　　D. 暖机时间过短。

8. 当汽轮机冷态启动时，温度较高的蒸汽与冷的金属部件接触，这时主要以（　　）换热的方式将蒸汽的热量传给金属壁面。

A. 导热； 　　　　　B. 凝结；

C. 对流； 　　　　　D. 辐射。

9. 当金属部件受热不均匀时，高温区产生（　　）应力。

A. 压； 　　　　　B. 拉；

C. 弯曲； 　　　　　D. 都不是。

10. 当金属部件受热不均匀时，低温区产生（　　）应力。

A. 压； 　　　　　B. 拉；

C. 弯曲； 　　　　　D. 都不是。

11. 在汽轮机启停过程中，上下汽缸温差一般要求控制在（　　）范围内，以免产生动静摩擦。

A. 35～50℃；　　　　　　　　　B. 50～100℃；

C. 15～50℃；　　　　　　　　　D. 都不是。

12. 在汽轮机停机过程中，法兰内外壁温差引起的汽缸热变形规律是汽缸中部横截面由圆形变为（　　）。

A. 立椭圆；　　　　　　　　　　B. 横椭圆；

C. 圆形；　　　　　　　　　　　D. 都不是。

13. 汽轮机的寿命主要取决于（　　）。

A. 汽缸寿命；　　　　　　　　　B. 转子寿命；

C. 轴承寿命；　　　　　　　　　D. 都不是。

14. 在汽轮机的停机过程中，蒸汽的降温速度比启动时的升温速度要（　　）。

A. 加快；　　　　　　　　　　　B. 缓慢；

C. 相同；　　　　　　　　　　　D. 不确定。

15. 根据惰走时间的长短，可以判断机组是否正常。惰走曲线与真空度变化值密切相关，如果按同样真空变化规律停机时，惰走时间（比标准时间）过长，说明可能的原因是（　　）。

A. 主蒸汽或再热蒸汽阀门或抽汽逆止门关闭不严有蒸汽漏入；

B. 机组通流部分的动静部件发生摩擦或轴承磨损；

C. 因轴封漏气增大了阻尼；

D. 不明确。

五、问答题

1. 简述汽缸、转子、法兰螺栓在启动过程中的热应力特点？

2. 简述影响转子与汽缸胀差大小的因素有哪些？

3. 简析启停过程中上下缸温差产生的原因，如何控制？

4. 简述汽轮机寿命管理的实质。

5. 限制汽轮机启停速度的因素有哪些？

6. 简述汽轮机启动、停机方式的分类。

7. 简述汽轮机压力法滑参数启动的主要步骤。

8. 热态滑参数启动时的注意事项有哪些？

9. 中压缸启动相对高中压缸联合启动有哪些优点？

10. 如何根据转子的惰走时间判断机组是否正常？

11. 滑参数停机的主要步骤如何？滑参数停机过程中的注意事项有哪些？

12. 简述汽轮机停机后快速冷却的意义及方法。

13. 简述凝汽器真空急剧下降的原因、判断及处理。

14. 简述凝汽器真空缓慢下降的原因及处理。

15. 简述水冲击的危害、现象、处理原则及预防措施。

16. 简述大轴弯曲的产生原因及预防措施。

17. 简述汽轮机叶片损伤的原因、处理原则及预防措施。

18. 简述轴承损坏的原因及处理原则。

19. 预防油系统着火的措施有哪些？

20. 简述厂用电全部失去的现象及处理原则。

参考答案

一、名词解释（解释下列概念）

1. 热应力：当热变形受到某种约束时，则在零部件内部产生的应力。

2. 低周疲劳：材料失效的应力循环次数小于 104～105 的疲劳。

3. 汽轮机的寿命：汽轮机的寿命指的就是转子的寿命。一般分为无裂纹寿命和剩余寿命两种。所谓无裂纹寿命是指转子从初次投入运行到转子出现第一条工程裂纹（约 0.5mm 长，0.15mm 深）期间能承受的交变载荷的次数。第一条裂纹产生并不意味着转子寿命的终结，还有一定的剩余寿命。所谓剩余寿命是指从产生第一条工程裂纹开始直到裂纹扩展到临界裂纹所经历的交变载荷的次数。无裂纹寿命和剩余寿命之和就是转子的总寿命。

4. 胀差：转子与汽缸沿轴向的膨胀差值。

5. 滑参数启动：在启动过程中，电动主汽门前的蒸汽参数（压力和温度）随机组转速或负荷的变化而滑升。

6. 中压缸启动：冲转时高压缸不进汽，中压缸先进汽，待转速升至一定转速（如 2300～2500r/min）或并网并带一定负荷（如 15％额定负荷）后，高压缸才进汽。

二、填空题（将适当的词语填入空格内，使句子正确、完整）

1. 凝结

2. 对流

3. 蒸汽的压力、温度、流量、流速

4. 压，拉

5. 正，负

6. 拱背翘曲

7. 立椭圆，横椭圆

8. 高温蠕变，低周疲劳

9. 蒸汽强制，空气强制

10. 脆性破坏

三、判断题 ［判断下列命题是否正确，若正确在（　　）内打"　"，错误在（　　）内打"×"］

1. ×；2. √；3. ×；4. ×；5. √；6. √；7. √；8. √；9. √；10. ×；11. √；12. √；13. ×；14. √。

四、选择题（下列各题答案中选一个正确答案编号填入（　　）内）

1. B；2. B；3. C；4. A；5. D；6. A；7. B；8. B；9. A；10. B；11. A；12. B；13. B；14. B；15. A。

五、问答题

1. 答：汽缸的热应力：在启动时，汽缸内壁承受压缩热应力，汽缸外壁承受拉伸热应力；停机时则相反。汽缸冷却过快比加热过快更危险。

转子热应力：当转子的材料、结构一定时，转子的热应力主要取决于转子的最大体积平均温差，而温差的大小则取决于金属表面的温度变化率（或蒸汽温度变化率）。对转子的任意截面，最大热应力发生在转子的表面和中心孔处。

法兰热应力：在冷态启动时，法兰内壁为压缩热应力，法兰外壁为拉伸热应力；在停机过程中则相反。

螺栓的热应力：汽轮机启动时螺栓除了承受热拉应力外，还要承受紧固时的拉伸预应力，以及汽缸内部蒸汽压力对螺栓产生的拉应力。

2. 答：影响胀差的因素：①汽轮机滑销系统畅通与否；②蒸汽温度和流量的变化速度；③轴封供汽温度及供汽时间的影响；④汽缸和法兰螺栓加热装置的影响；⑤摩擦鼓风损失；⑥排汽温度；⑦转子回转（泊桑）效应；⑧汽缸保温和疏水的影响。

3. 答：引起上、下缸温差的主要因素有：①上、下汽缸具有不同的重量和散热面积；②在汽缸内，蒸汽上升，其凝结水流至下缸，在下缸形成一层水膜，使下缸受热条件恶化；③汽轮机在空负荷或低负荷下较长的时间运行时，由于部分进汽仅有上部调节阀开启，也促使上下缸温差的增大；④下缸保温不良；⑤在汽轮机启动过程中，汽缸疏水不畅；停机后有冷蒸汽从抽汽管道返回汽缸，都会造成下缸温度突降。

为减小上、下缸温差，从以下几个方面着手：①必须控制蒸汽温升率；②尽可能使高压加热器随汽轮机一起启动投入；③保证疏水通畅；④下汽缸采用较好的保温结构并选用优质保温材料；⑤在下汽缸可加装挡风板，以减少空气对流。

4. 答：汽轮机寿命管理的任务就是正确评价汽轮机部件的寿命（包括无裂纹寿命和剩余寿命），合理分配机组各种工况下的寿命损耗率。

5. 答：除温升率外，还应监视汽缸内外壁温差、法兰内外壁温差、法兰与螺栓之间的温差、左右法兰间的温差、上下缸温差、汽缸的绝对膨胀值、转子与汽缸的胀差、轴或轴承的振动值以及高中压合缸机组的主蒸汽和再热蒸汽的温差等不超过允许值。

6. 答：（1）启动分类：按启动过程中主蒸汽参数是否变化，可分为额定参数启动和滑参数启动。按启动前汽轮机金属温度水平分类：冷态启动、温态启动、热态启动、极热态启动。按冲转时进汽方式分类：高中压缸联合启动、中压缸启动。

（2）停机分类：分正常停机和故障停机两大类。正常停机分额定参数停机和滑参数停机；故障停机分一般故障停机和紧急故障停机。

7. 答：①启动前的准备工作；②锅炉点火与暖管、暖机；③冲转及升速暖机；④并网及带负荷。

8. 答：热态启动的注意事项：大轴晃动度及上下缸温差不得超过规定值；主蒸汽和再热汽温符合规定；先送轴封，后抽真空；法兰螺栓及汽缸加热装置合理运用；升速中振动超过规定值，应立即打闸停机。

9. 答：（1）缩短启动时间。由于汽轮机冲转前已对高压缸倒暖至一定温度，则在启动初期升温升压速度不受高压缸热应力和胀差的限制；另外由于中压缸的进汽量大且为全周进汽，暖机更充分迅速，从而缩短了整个启动时间。

（2）汽缸加热均匀，安全性好。

（3）对特殊工况（主要指空负荷和极低负荷或单机带厂用电运行）具有良好的适应性。采用中压缸启动方式，只要关闭高排逆止门，维持高压缸真空，汽轮机即可长时间安全空负荷运行；同样只要打开旁路，隔离高压缸，汽轮机就能在很低的负荷下长时间运行。

（4）控制低压缸尾部温度水平。由于启动初期流经低压缸的蒸汽流量较大，可有效带走低压缸尾部鼓风产生的热量，保持在较低的温度水平。

（5）提前越过脆性转变温度。中压缸启动时，高压缸倒暖，启动初期中压缸进汽量大，这样可使高压转子和中压转子尽早越过脆性转变温度。

10．答：如果转子惰走时间过短，可能是轴瓦已经磨损或机组发生了动静摩擦；如转子惰走时间变短，可能是因轴封漏汽增大了阻尼。

若惰走时间增长，则说明可能汽轮机主、再蒸汽管道阀门不严或抽汽管道阀门不严，使有压力的蒸汽漏入机内。

11．答：滑参数停机的步骤主要包括停机前的准备工作、减负荷、解列和转子惰走几个阶段。

滑参数停机过程中必须注意的问题：①滑停时，最好保证蒸汽温度比该处金属温度低20～50℃为宜；②控制降温降压速度；③在不同的负荷阶段，新蒸汽参数的滑降速度不同；④正确使用法兰螺栓加热装置，以减小法兰内外壁的温差和汽轮机的胀差；⑤滑停时不准做汽轮机的超速试验，以防发生水冲击；⑥在滑停过程中，须保证新蒸汽和再热蒸汽两者温差不宜过大。

12．答：缩短停机冷却时间，不仅能缩短大、小修工期，也有利于及时消除主机缺陷，具有直接和间接的社会经济效益。

汽轮机停机后快速冷却的方法根据冷却介质的不同分为蒸汽强制冷却和空气强制冷却。

13．答：凝汽器真空急剧下降判断：①真空表指示下降；②低压缸排汽温度升高；③凝汽器端差明显增大；④凝结水过冷度增大。

真空急剧下降的原因与处理：

（1）循环水中断。

主要表征：凝汽器真空急剧降落；排汽温度显著升高；循环水泵电机电流和进出口压差到零。

原因及处理：①循环水泵出口压力、电机电流摆动，通常是循环水泵吸入水位过低、入口滤网脏堵所致，此时应尽快采取措施，提高水位或清除杂物。②若循环水泵出口压力、电机电流大幅度下降则可能是循环泵本身故障引起，启动备用循环水泵，关闭事故泵的出水门。若两台泵均处于运行状态同时跳闸，及时发现并未反转时，可强行合闸；无备用泵，应迅速将负荷降到零，打闸停机。③循环水泵运行中出口误关，备用泵出口误开，造成循环水倒流，也会使真空急剧下降。若在未关死前及时发现，应设法恢复供水，根据真空情况紧急减负荷；若发现较晚，需不破坏真空紧急停机。④循环水泵失电或跳闸，需不破坏真空紧急停机。

（2）射水抽气器工作失常。

若射水泵出口压力、电机电流同时到零，说明射水泵跳闸；若射水泵出口压力、电机电流下降，则是由于泵本身故障或水池水位过低。发生以上情况均应启动备用射水抽气器，水位过低时应补水至正常水位。

（3）凝汽器满水。

凝汽器在短时间内满水，一般是由于铜管泄漏严重（同时凝结水硬度增大），大量循环水进入汽侧或凝结水泵故障（出口压力和电机电流减小甚至到零）所致。处理方法是：立即开大水位调节阀并启动备用凝结水泵，必要时将凝结水排入地沟，直至水位恢复正常。

(4) 低压轴封供汽中断。

轴封供汽中断的可能原因有：负荷降低时未及时调整轴封供汽压力使供汽压力降低；汽源压力降低蒸汽带水；轴封压力调整器失灵，调节阀芯脱落。因此在机组负荷降低时，要及时调整轴封供汽压力为正常值；若是轴封压力调整器失灵应切换为手动，待修复后投入；若因轴封供汽带水造成，则应及时消除供汽带水。

(5) 真空系统管道严重漏气。

真空系统漏入的大量空气，最终都汇集到凝汽器中，使传热热阻增大，真空异常下降。运行中真空管道严重漏气，可能是由于膨胀不均使管道破裂，或误开与真空系统连接的阀门所致。若是真空管道破裂漏气则应查漏补漏予以解决；若是误开阀门引起的，应及时关闭。

(6) 冬季运行时，利用限制凝汽器冷却水入口流量保持汽轮机排汽温度，致使冷却水流速过低而在冷却水出口管道上部形成汽塞，阻止冷却水的排出，也会导致真空急剧下降。

14. 答：因为真空系统庞大，影响真空因素较多，所以最容易发生，查找原因也比较困难。引起真空缓慢下降的原因通常有：

(1) 循环水量不足。

循环水不足表现在同一负荷下，凝汽器循环水进出口温差增大。造成循环水不足的原因有很多，处理方法也不同，主要有以下几个方面。

1) 凝汽器铜管内有杂物进入或结垢严重而使部分管堵塞，这在用河水作为循环水的电厂常能遇到。此时要用胶球清洗装置进行反冲洗、凝汽器半面清洗来消除。

2) 若凝汽器出口真空降低且入口压力增大，说明虹吸被破坏，应启动循环水系统的辅助抽气器，使形成出水真空，必要时启用备用泵增大循环水量恢复虹吸作用；当循环水系统没有备用泵或抽空气装置时，应关小循环水出水门，放空气门，并维持较高的循环水母管压力运行；管板堵塞或循环水真空部位漏空气造成的虹吸破坏，需清理管板堵物并消除漏气才能解决问题。

3) 若循环水泵进口真空降低，则是循环水泵进口法兰或盘根等处漏气，处理方法是调整水泵盘根、密封水，拧紧法兰螺栓。

4) 循环水出口管积存空气也会使凝汽器的传热热阻增大，导致传热量减少，凝汽器真空下降，此时应开启出水管的放空气门。

(2) 凝汽器水位升高。

导致凝汽器水位升高的原因可能有：凝结水泵入口汽化（凝结水泵电流减小）、铜管破裂（凝结水硬度增大）、软水门未关、备用凝结水泵的逆止门损坏（关备用泵的出口门后水位不再升高）等。处理方法分别为：启用备用泵，停故障泵；关闭备用泵的出水门，更换逆止门；关补充水门；降低负荷停半面凝汽器，查漏堵管。

(3) 射水抽气器工作水温升高。

工作水温升高，使抽气室压力升高，降低了抽气器的效率。当发现水温升高时，应开启工业水补水，以降低工作水温。

(4) 真空系统管道及阀门不严密使空气漏入。

真空系统是否漏入空气，可通过严密性试验来检查。此外，空气漏入真空系统，还表现为凝结水过冷度增加，凝汽器传热端差增大。

（5）凝汽器内冷却水管结垢或脏污。

其表象是：随着脏污日益严重，凝汽器传热端差也逐渐增大，抽气器抽出的空气混合物温度也随着增高。经真空严密性试验证明不是由于真空系统漏入空气而又有以上现象时就可确认凝汽器真空缓慢下降是由凝汽器表面脏污引起，应及时进行清洗。

（6）冷却水温上升过高。

通常发生在夏季，采用循环供水更容易出现这种情况。为保证凝汽器真空应适当增加循环水量。

15. 答：危害：①叶片的损伤与断裂；②动静部分碰磨；③永久变形，导致汽缸或法兰的结合面漏汽；④由于热应力引起金属裂纹；⑤推力轴承的损伤。

现象：①汽轮机轴向位移、振动、胀差负值大；②抽汽管上下温差大于报警值，抽汽管振动，有水击声和白色蒸汽冒出；③主蒸汽或再热蒸汽温度急剧下降；④主蒸汽或再热蒸汽管道振动，轴封有水击声，管道法兰、阀门、密封环、汽缸结合面和轴封处有白色湿蒸汽冒出；⑤推力瓦乌金温度和回油温度急剧增高；⑥加热器满水或汽包、凝汽器满水；⑦监视段压力异常升高，机组负荷骤然下降；⑧上、下缸温差增大；各机组发生水冲击的原因不同，上述现象不一定同时出现。

处理原则：应立即破坏真空紧急停机，密切监视推力瓦温度、回油温度、振动、轴向位移和机内声音，注意转子惰走情况。停止后，立即投入盘车，注意盘车电流并测量大轴弯曲值。若停机或再次启动有异常情况时，应开缸检查。

预防措施：①运行中和停机后均应密切监视汽缸金属温度和上下缸温差；②注意监视汽包、给水加热器、除氧器、凝汽器水位，防止满水事故发生；③启动时，主蒸汽、再热蒸汽系统、汽封系统的暖管应充分，疏水应通畅；④正确设置疏水点和布置疏水管；⑤定期检查汽封系统的连续疏水，确保不被堵塞，可采用热电偶或其他温度传感器来监视；⑥在滑参数停机时，汽温和汽压按规定逐渐降低，且保证蒸汽有50℃的过热度；⑦当高压加热器保护装置故障时，不能投入运行，同时相应抽汽管上的疏水门要开启；⑧抽汽管上的逆止门在加热器水位高时，应能自动关闭；⑨打闸停机前，不得切除串轴保护；⑩在锅炉熄火后即便没有引起带水，但处于得不到保证的情况下，只能运行15min。这段时间只作为处理事故和恢复时间，而不采用余热发电的运行方式。

16. 答：产生原因：①动静部分摩擦；②水冲击，汽缸进水后，汽缸与转子急剧冷却，造成汽缸变形，转子弯曲。

防止大轴弯曲的措施。

（1）在设计、制造、安装、检修方面：要保证机组结构合理、通流部分膨胀通畅、动静间隙（尤其是轴封间隙）合适；应按要求调整汽封间隙，不得任意缩小动静部分的径向间隙；对机组的胀差、大轴晃动值、轴或轴承振动、汽缸的膨胀、轴向位移、汽缸壁温等设置测点，安装表计，各表计指示正确。

（2）运行方面：①汽轮机冲转前，必须符合条件：大轴晃动度不超过原始值的0.02mm；高压内缸上下温差不超过35℃，高压外缸及中压缸上、下温差不超过50℃；主蒸汽和再热蒸汽温度在不超过额定值的前提下至少较汽缸最高金属温度高60~100℃，且至少有50℃的过热度。②冲转前应充分盘车，一般不少于2~4h。③热态启动应严格遵守运行规程中的所有规定。④启动升速过程中应有专人监视轴承振动，若有异常，应查明原因，及时处理。⑤启动过程中疏水系统投入时，应注意保持凝汽器的水位低于疏水扩容器的标高。⑥机组启停和变工况运行，应按规定的曲线控制参数变化，严格控制汽轮机的胀差及轴向位移变化，当 10min 内汽温直线下降 50℃ 以上，应立即打闸停机。⑦机组运行中，轴承振动值一般不应超过 0.03mm，大于 0.05mm 时应设法消除。⑧停机后应立即投入盘车。⑨停机后应认真监视凝汽器、除氧器、加热器的水位，防止产生水冲击。⑩汽轮机处于热状态，若主蒸汽系统截止阀不严，锅炉不宜进行水压试验，转子处于静止状态时，禁止向轴封供汽和进行暖机。

17. 答：叶片损坏的原因：

(1) 叶片本身：振动特性不合格，设计不当，材质不良或错用材料，加工工艺不良。

(2) 运行方面：低电网频率运行；超负荷运行；低温过低；蒸汽品质不良；真空过高或过低；水冲击；机组振动过大；停机后维护不当，如停机后少量蒸汽漏入汽缸，导致叶片严重锈蚀。

(3) 检修方面：动静间隙不合标准；隔板安装不当，起吊过程碰伤损坏叶片；机内或管道内留有杂物；通流部分零件安装不牢固等。

预防措施：

(1) 运行管理方面：①电网应保持在额定频率和正常允许变动范围内稳定运行；②避免机组低频率、超负荷运行；③加强运行中的监视与调节，当初终蒸汽参数及抽汽参数超过规定值时，应相应减负荷；④加强汽水品质监督，防止叶片结垢、腐蚀。

(2) 检修方面：①对每台汽轮机的主要级叶片建立完整的技术档案；②新机组投运前需全面测定叶片的振动特性；③在机组大修时，全面检查叶片、拉金、围带，存在缺陷，及时处理；④严格保证叶片检修工艺；⑤起吊搬运时防止碰损叶片；⑥对异常水蚀或腐蚀的叶片损伤应查明原因，采取措施，消除不利因素等。

18. 答：轴承损害的原因：①润滑油压过低；②润滑油温过高；③润滑油中断；④油质不良；⑤轴瓦与轴的间隙过大；⑥乌金脱落；⑦发电机或励磁机漏电。

处理原则：①当发现轴向位移逐渐增加时，迅速减负荷使恢复正常，特别注意推力瓦金属温度和回油温度；②当推力轴承轴瓦乌金温度及回油温度急剧升高冒烟，振动增大，说明轴瓦烧损，此时应立即手打危急保安器，解列发电机。

19. 答：预防措施有：①防止油系统漏油或喷油；②油系统附近的热体保温良好，要求在室温在 25℃ 时，保温层表面不超过 50℃，并及时更换浸油保温层；③在油系统的法兰接头及一次表门集中地点装设防爆箱或保护罩；④采用抗燃油；⑤采用隐蔽式管路结构；⑥消防设施齐全。

20. 答：厂用电全部失去现象：①交流照明灯灭，直流事故照明灯亮，并发出声光报警信号；②给水泵所有运行的泵与风机跳闸停止转动，电流表指示到零；③新蒸汽温度、压力及凝汽器真空迅速下降，排汽温度升高；④凝汽器热水井水位升高；⑤锅炉 MFT 动作；⑥汽轮机跳闸等。

处理原则：①无论有无停机保护或是否动作，都要立即停机；②在事故停机过程中，启动直流油泵向各轴承供油；③与厂用电部分中断一样，除失电的泵与风机置"停用"位置外，其他操作也相同，如切换为辅助抽气器运行、倒换轴封汽源为新蒸汽等；④事故处理过程中，应要求电气尽早恢复事故保安电源的供电；⑤厂用电恢复后，应迅速启动各泵与风机，全面检查负荷启动要求后，根据值长命令重新启动带负荷。

参 考 文 献

1. 康松. 汽轮机习题集. 北京：中国电力出版社，1987.

2. 王爽心，葛晓霞. 汽轮机数字电液控制系统. 北京：中国电力出版社，2004.

3. 孙为民，杨巧云. 电厂汽轮机. 北京：中国电力出版社，2005.

4. 朱新华，江运汉，张延峰. 电厂汽轮机. 北京：水利电力出版社，1993.

5. 沈士一，庄贺庆，康松，等. 汽轮机原理. 北京：中国电力出版社，2002.

6. 肖增弘，徐丰. 汽轮机数字式电液调节系统. 北京：中国电力出版社，2003.

7. 华东六省一市电机工程（电力）学会. 汽轮机设备及系统. 北京：中国电力出版社，2000.

8. 韩中合，田松峰，马晓芳. 火电厂汽轮机设备及系统. 北京：中国电力出版社，2002.

9. 望亭发电厂. 汽轮机. 北京：中国电力出版社，2002.

10. 李维特，黄保海. 汽轮机变工况热力计算. 北京：中国电力出版社，2001.

11. 席洪藻. 汽轮机设备及运行. 2 版. 北京：水利电力出版社，1988.

12. 翦天聪. 汽轮机原理. 北京：水利电力出版社，1992.

13. 中国华东电力集团公司科学技术委员会. 600MW 火电机组运行技术丛书. 汽轮机分册. 北京：中国电力出版社，2000.

14. 宋彦萍. 弯扭叶片的主要研究成果及其应用. 热能动力工程，1999，3：159～163.

15. 曹祖庆. 汽轮机变工况. 北京：水利电力出版社，1991.